EL COLOR EN LA NATURALEZA

EL COLOR EN LA NATURALEZA

Justin Marshall   Anya Hurlbert   Jane Boddy   Thomas Cronin
Ron Douglas   Sönke Johnsen   Fabio Cortesi

BLUME

BLUME

Título original *Colour In Nature*

Edición Jason Hook
Dirección del proyecto Slav Todorov
Dirección de arte Alexandre Coco
Diseño y documentación iconográfica Paul Palmer-Edwards
Ilustración Rob Brandt
Traducción Alfonso José Sánchez Jiménez
Revisión de la edición en lengua española Ramiro Aibar Pujol Asesor naturalista
Coordinación de la edición en lengua española
Cristina Rodríguez Fischer

Primera edición en lengua española 2026

© 2026 Naturart. S.A. Editado por BLUME
Carrer de les Alberes, 52, 2.º Vallvidrera, 08017 Barcelona
Tel. 93 205 40 00 E-mail: info@blume.net
© 2024 UniPress Books Limited, Londres

ISBN: 978-84-10469-88-4
Depósito legal: B. 15375-2025
Impreso en China

WWW.BLUME.NET

CONTENIDO

INTRODUCCIÓN 6

El espectro cromático a grandes rasgos 10

Los animales y el color 12

Los seres humanos y el color 16

El sentido del color para los humanos 20

1.
¿QUÉ ES EL COLOR? 24

¿Cómo se origina el color? 28

Los colores del agua, rocas y plantas 36

¿Cómo producen el color los seres vivos? 44

La clorofila: hojas y plantas 50

Color estructural 58

Fluorescencia 66

2.
¿CÓMO PERCIBEN LOS ANIMALES EL COLOR? 70

La anatomía de los ojos 74

Los albores de la fotorrecepción 80

Los pilares de la visión cromática 84

La diversidad en la visión cromática 86

La visión cromática humana: de los conos a conceptos 96

Pájaros, abejas y el pulpo daltónico 102

Otra forma de percibir el color 110

Los colores en el cerebro 114

3.
COLORES OCULTOS 120

La sensibilidad al ultravioleta 124

El sexo y las plumas fluorescentes 140

La sensibilidad por encima del rojo 146

Bioluminiscencia 154

4.
LA EVOLUCIÓN DE LOS COLORES 162

¿Qué es la ecología visual? 166

Encontrar comida vegetariana 170

El color y el sexo 176

Las funciones combativas del color 180

El camuflaje 186

Los colores del arrecife 206

5.
EL COLOR EN LA VIDA HUMANA 216

Preferencias de color 220

¿Por qué el rosa les gusta a las chicas? 224

Nomenclatura del color 226

El color como tendencia 230

A la moda 234

Arquitectura e interiorismo 238

El color en el arte 244

Pintar el color y la luz 254

Sinestesia 260

Mariposas, escarabajos, pájaros y bioinspiración 262

La constancia del color y la fotografía a color 268

El cambio climático y un mundo descolorido 270

Glosario 276 / Lecturas complementarias 278 / Referencias de imágenes 279

Biografías de los autores 280 / Índice 282 / Agradecimientos 288

INTRODUCCIÓN

Al comparar cómo percibimos y empleamos los colores con la manera en que lo hacen los animales, se aprecian similitudes y diferencias fascinantes. Por una parte, seguimos siendo un animal más que intenta sobrevivir, comer, no dejar que lo coman y que se reproduce. Por otra, nuestros cerebros de gran tamaño poseen la capacidad de pensar conceptos, planificar y reflexionar, así que están sedientos de estímulos cromáticos y, en cierto modo, han desarrollado una obsesión por el color.

Desde que geólogos, físicos y artistas se afanaran por representar y describir la naturaleza, hasta la llegada de investigadores tan perspicaces como Darwin y Wallace, las sociedades occidentales comenzaron a categorizar los colores. Este sistema permitió subdividir los verdes, azules y rojos, y dio lugar a una lista para clasificar colores, que incluye términos como azul cielo, azul océano, azul nomeolvides y el azul de los minerales de lapislázuli. Aunque facilitó la reproducción e identificación de los colores, también fomentó la proliferación de nombres y una mayor subdivisión. De esta forma, las tarjetas cromáticas de marcas como Pantone, Dulux o Munsell, así como las paletas de los artistas, ahora cuentan con miles de tonalidades. Algunas de ellas se inspiran en los colores de la naturaleza, ya sea en las plumas de aves, flores, peces… No obstante, ¿acaso les importa a los animales la diferencia entre el verde «Chatty-Cricket» y el verde «French-Market»? Al final, ambos son colores para pintar paredes.

Las abejas que revolotean sobre un campo de flores quizá no conozcan los nombres ni los distintos tonos de cada flor, pero sí distinguen cuáles contienen néctar y polen y cuáles no. Las hembras de ciertas aves pueden pasar horas observando el plumaje de los machos antes de elegir al más adecuado para invertir la energía necesaria para sus huevos, cuya decisión se basa en los matices y el brillo de sus colores. Ambas decisiones están fuera del alcance de un observador humano y de nuestra visión cromática. Las abejas ven parte del espectro que nosotros no: la luz ultravioleta (UV). Las aves, además de distinguir mejor los colores que sí percibimos, también ven el UV.

Las páginas de este libro recogen ejemplos impactantes de los colores en la naturaleza, junto con interpretaciones de artistas y diseños inspirados en ella, o en los patrones y colores que ofrece para decorar tanto la ropa como los espacios interiores. Al echarles un vistazo, tal vez se sorprenda con detalles que nunca antes había advertido, y también encontrará «viejos conocidos», como la cola del pavo real y los siete lienzos de Turner inspirados en la luz. Esperamos que, al leer los textos que acompañan a cada imagen, descubra nuevas perspectivas y datos sobre la función del color en los animales y que no se fije solo en el brillo que, para nosotros, hace espectacular el destello de la aleta de un pez loro.

A la hora de comprender cómo ha surgido la increíble diversidad de colores de la naturaleza, primero debemos aceptar que, en comparación con muchas otras especies, los humanos somos daltónicos. Esto lo sabemos gracias a estudios científicos que analizan cómo los animales captan el color con los ojos, cómo se procesa en el cerebro y qué comportamientos provoca esa percepción. Por ejemplo, hay una especie de camarón en el océano que tiene cuatro veces más fotorreceptores que nosotros; además, algunos animales, como serpientes o escarabajos, pueden ver el calor, al igual que las cámaras térmicas usadas para detectar la COVID-19 en los aeropuertos. Los diagramas ilustrados en este libro no solo ayudan a explicar el color, sino también cómo funciona su percepción

«¿Animal, vegetal o mineral?» fue una de las primeras preguntas que surgió al definir los colores de la naturaleza; en este libro no solo se analizan los colores del reino animal, sino también los del vegetal, así como los de las rocas, tierra y sustrato que permiten el crecimiento de plantas y la supervivencia de animales. Además, se incluyen los colores del agua, océanos, ríos y lagos. Se introduce la física del color y la luz, pues sin el arcoíris de la luz solar que baña el planeta nada sería visible y el color no existiría. Los animales conocen estos colores y tipos de luz de sus hábitats, al menos en términos evolutivos, pues son vitales para sobrevivir. El pulpo se mimetiza de forma extraordinaria (*véase* página 108), ya que observa el entorno antes de asentarse y adaptar los colores, matices y texturas de su cuerpo al fondo marino para camuflarse o cazar. Pese a que resulte paradójico, el pulpo es completamente daltónico.

Los autores de este libro no solo son expertos en sus campos, sino también auténticos apasionados del color. Esperamos transmitirle parte de ese entusiasmo y ofrecerle una nueva forma de apreciar las maravillas que encierra el color en la naturaleza, así como reflexionar sobre nuestro papel en su conservación. Queremos reconocer la contribución extraordinaria de David Attenborough al conocimiento del color de nuestro mundo. Gracias a él y a sus equipos de documentalistas, hemos podido descubrir un sinfín de milagros cromáticos en la naturaleza. También fue clave en la introducción de la televisión a color y promovió que las pelotas de tenis fueran de color amarillo fluorescente por una muy buena razón.

INTRODUCCIÓN

EL ESPECTRO CROMÁTICO A GRANDES RASGOS

A los humanos nos fascinan los colores. Tenemos nombres para todo tipo de colores, lo que podría hacernos pensar que estamos en la cima evolutiva en lo que se refiere a la visión cromática. Sin embargo, estamos lejos de eso, porque moscas, gambas, mariposas, pájaros y abejas nos superan. Muchos animales, por no decir la mayoría, perciben un espectro cromático más amplio que el nuestro. Las aves y las abejas pueden ver el ultravioleta (UV), y algunas serpientes y escarabajos detectan el infrarrojo (IR). Por extraño que parezca, desde una perspectiva evolutiva, ¡el color no existe!

La capacidad de ver y definir lo que los humanos llamamos «color» depende de varios factores: la luz disponible, las células de la retina que absorben esa luz y la forma en que nuestro cerebro interpreta ese color. También influyen aspectos como nuestra experiencia o el sexo, la cultura, e incluso la capacidad y el deseo de nombrar ese color. Los antiguos griegos no tenían una palabra para el azul y describían el mar como «oscuro como el vino». Aún hoy, algunas culturas solo tienen unas pocas palabras para referirse a los colores que las rodean.

Es poco probable que algún animal nombre un color, dado que simplemente asocian cada tono con una función, y, como parte de un resultado evolutivo ligado al comportamiento, esa capacidad se mantiene o desaparece. En la naturaleza, los sistemas ópticos y los colores que presentan los animales existen para proporcionarles ventajas, como la posibilidad de detectar alimento antes que los demás, generar un color que ofrezca un camuflaje perfecto o resultar especialmente atractivos para el sexo opuesto.

Este libro ahonda en las razones por las que los animales poseen determinados colores, explora los distintos sistemas ópticos y la función de las señales cromáticas, así como los comportamientos relacionados con el color. También analiza otros colores de la naturaleza, como los de rocas, plantas, agua y minerales. Aun así, queda una pregunta abierta: ¿qué relevancia tiene ese color para quien lo observa? ¿Qué significa y qué función cumple? ¿Pueden los animales apreciar la belleza del color más allá de su función y hasta qué punto el color que vemos no es más que un accidente fortuito?

Camarón mantis pavo real (*Odontodactylus scyllarus*) sosteniendo un montón de huevos que cuidará hasta que eclosionen. Los ojos compuestos de este camarón están divididos en tres partes, de las cuales la central alberga más receptores del color que los de cualquier otro animal.

LOS ANIMALES Y EL COLOR

Uno de los primeros pensamientos que tenemos al hablar sobre la visión cromática de otros animales es que los perros son daltónicos, aunque no es cierto.

Los perros, al igual que muchos otros mamíferos, tienen una percepción del color más reducida que la de los humanos. Aun así, alrededor del 8 por ciento de los hombres presentan daltonismo rojo-verde y podrían ver el mundo de la misma forma que un perro. Ahora bien, ¿significa esto que los rojos se confunden con los verdes y amarillos? No exactamente. Los humanos dividimos los colores en más variedades y matices que cualquier otro animal conocido. Sin embargo, eso no implica que tengamos la mejor visión cromática del mundo, porque depende de cómo se mida, y justo ahí empieza lo interesante. Este libro le presentará dos ideas que parecen contradictorias. Por un lado, los animales con más fotorreceptores del color en los ojos deberían tener una mejor percepción del color y usarlo en mayor cantidad que nosotros. Pensemos en un loro o un pavo real; ambos poseen cuatro tipos de fotorreceptores frente a los tres nuestros, y muestran muchos más colores que el de la piel humana.

Por otro lado, para nosotros, los colores son subjetivos, mientras que para otros animales probablemente el color no sea importante en absoluto. ¿Distingue una abeja entre el azul celeste y el azul lino al volar sobre un campo de flores? En cierto sentido, sí, porque una flor azul puede tener más néctar que otra. No obstante, lanzarse a por la flor más nutritiva es una conducta programada y el concepto de «etiqueta de color» no existe en el cerebro de una abeja.

La infinidad de colores y patrones que observamos y a menudo consideramos hermosos tienen una función clara en el reino animal: facilitar la supervivencia y la reproducción, los fundamentos básicos de la evolución. Tanto Charles Darwin como Alfred Wallace, fundadores de la teoría evolutiva, reconocieron el papel del color en la selección natural y sexual. Aun así, ambos se sentían atraídos por la idea de que los animales pudieran tener sentido estético, una apreciación de su propia belleza. En una carta, Darwin le preguntó a Wallace por qué algunos animales eran «tan bellos y artísticos».

Primer plano de las plumas coloridas
y vivaces de un guacamayo arlequín
(*Ara ararauna*).

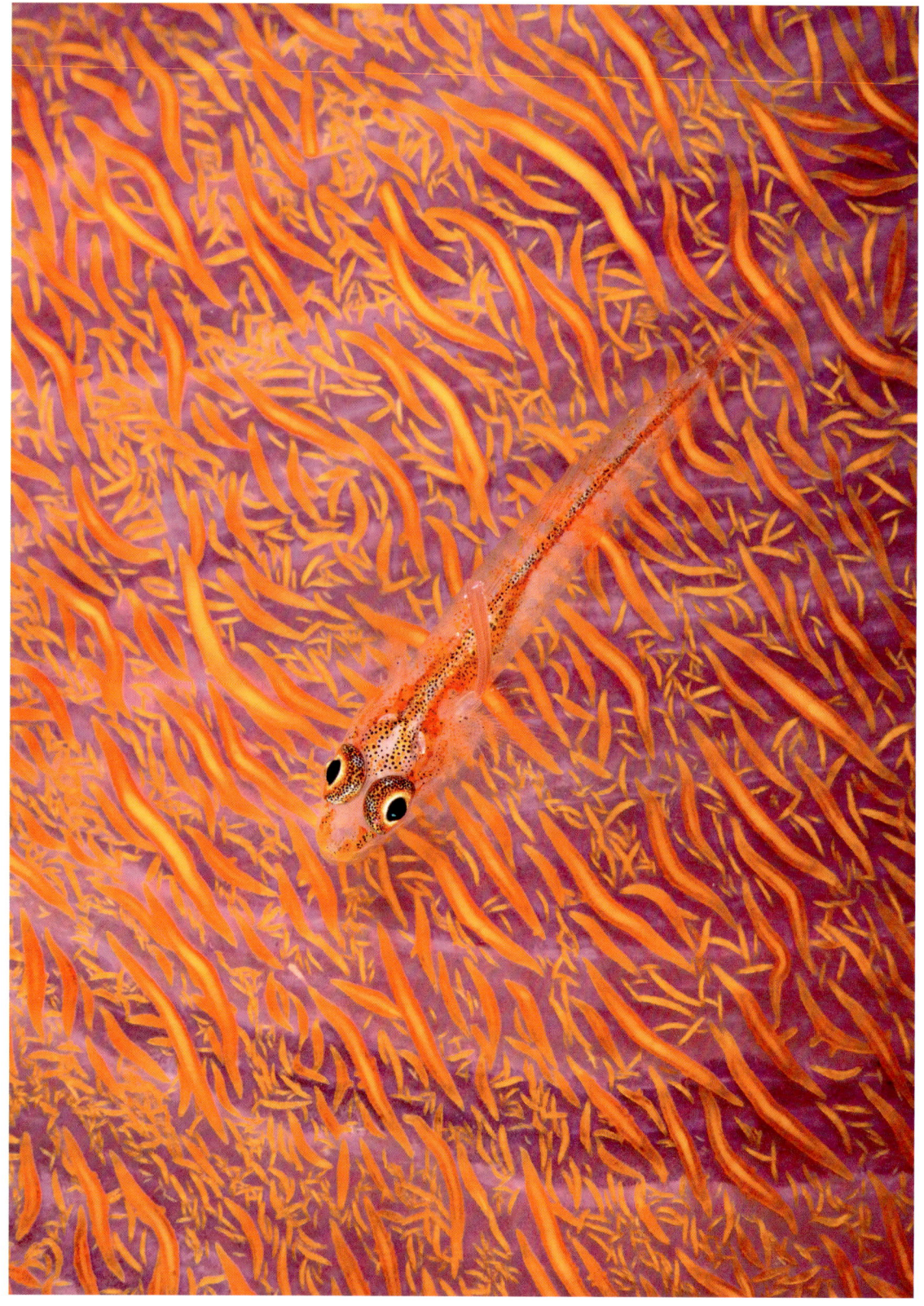

Los colores y la visión cromática

Los humanos tenemos tres receptores del color en los ojos, sensibles al rojo, verde y azul: el conocido sistema RGB que está presente en el arte, en las pantallas de ordenadores o móviles y también en los libros. Muchos animales poseen más de tres, como las aves, que tienen cuatro; algunas arañas, seis; ciertas mariposas, ocho o más; y el camarón mantis hasta doce. El capítulo 2 de este libro profundiza en cómo perciben el color estos animales. Muchos de ellos también muestran colores intensos, así que es lógico pensar que puedan ver más colores.

¿Cómo procesa tantos estímulos el cerebro diminuto de una gamba? Antes de asumir que más receptores y canales del color implican una mejor visión cromática, también hay que considerar la capacidad de procesamiento del ojo. Lo más importante es cómo se traduce esa información en el comportamiento. ¿De qué manera influye el «conocimiento del color» en la lucha por la supervivencia?

¿Cuáles son las funciones del color para los animales, incluidos los humanos? El rojo, por ejemplo, puede indicar alimentos aptos para el consumo, como una manzana madura, hojas tiernas en la selva o una flor roja cargada de néctar. Además, puede representar ira, como en una expresión facial, o el destello rojo bajo el ala de una polilla, que es un color de advertencia para asustar. En ciertos casos, indica veneno, como sucede con los anillos de una serpiente o algunas semillas; pero el rojo también puede servir como un camuflaje que ayuda a un animal a pasar desapercibido, como el caballito de mar pigmeo, que se mimetiza con el color y la forma del coral de las gorgonias de rojo rosado donde vive. Este color también interviene en la reproducción; por ejemplo, el rojo del trasero de una hembra de babuino en celo o el plumaje escarlata de un cardenal macho, que indica su habilidad para conseguir alimento y, por tanto, su idoneidad como pareja.

Tanto animales como humanos prestan atención a los colores del entorno y del propio cuerpo. Para un animal que necesita camuflarse o, por el contrario, destacar con colores contrastantes, conocer los colores de las rocas, suelos, mares, cielo, malezas o bosques es fundamental. En el caso de los humanos, la ropa que elegimos o cómo decoramos nuestras casas refleja los vestigios de estas funciones evolutivas. Estos temas se abordan en el capítulo 1, que explica cómo se forman los colores del mundo, y en el capítulo 5, que explora nuestra relación con el color en la actualidad.

Los seres humanos y el color

El color es algo que nos concierne, tanto a quienes trabajan con él a diario, como los encargados de clasificar las manzanas y los diseñadores gráficos, sin olvidar a cualquier persona que come, se relaciona, se recupera, duerme o aprende.

El color es esencial para la vida. Tras un solo vistazo, obtenemos la información que buscamos: ¿ese plátano está maduro?, ¿cuánto lleva ese hematoma ahí?, ¿dónde está el libro de tapa azul?

Asimismo, es importante para otros animales. Lo que distingue a los humanos no es tanto cómo vemos el color o cómo lo usamos para sobrevivir, sino cómo lo concebimos. Para nosotros, el color trasciende la simple percepción espectral y se adentra en el campo del pensamiento abstracto y, de ahí, al lenguaje, los conceptos y la cognición, factores que nos diferencian de otros animales.

En nuestro caso, el color es algo complejo, con muchas dimensiones y significados. No existe en el mundo exterior, debido a que lo crea nuestra mente a partir del torrente de señales luminosas que captan los ojos. El color no solo informa sobre la materia física de las que están hechas las cosas, como la mezcla de pigmentos en una pintura o el nivel de oxígeno en la sangre de la piel, sino también sobre lo metafísico: la salud de un paciente, la orientación política de un amigo o la hora del día.

Para que eso ocurra, el cerebro humano debe ser capaz de liberar el color de sus ataduras físicas y convertirlo en una unidad abstracta. Así, el color puede adquirir un significado propio: el rojo pasa a significar «alto», el azul es lo celestial, pero ¿y el rosa? El rosa es para niñas, ¿o no? Dado que el color despierta estas emociones, se convierte en una fuerza poderosa en el arte visual. A su vez, este tipo de arte, que reduce el color a sus formas más puras, nos enseña cómo el cerebro humano interpreta la naturaleza.

El color encierra un sentido especial
para los humanos, como para otros
animales, porque indica la madurez
de una fruta o el cambio de estación.
Los humanos crean nuevos significados
y a través del color despiertan emociones
en el arte, el diseño y la comunicación.

Los mecanismos de la percepción del color en el hombre

Al igual que otros animales, la percepción del color en el nombre empieza en los ojos, donde los receptores, concretamente en los conos, captan las diferentes longitudes de onda de la luz. Estas envían sus señales a otras células de la retina y, desde allí, llegan a las regiones del cerebro encargadas de la conciencia.

La retina es tan compleja y está tan densamente interconectada que a menudo se la describe como un «minicerebro». Aquí se concentran los fundamentos de la percepción del color. Las señales de los distintos tipos de conos se comparan entre sí en lo que se conoce como «proceso oponente». Este mecanismo ayuda a definir la ubicación de los objetos en el espacio, de modo que en un campo de hierba verde, una flor rosa destaca gracias a los mecanismos de contraste que comienzan en la retina.

La constancia del color, otro pilar de la percepción del color, también comienza en la retina. Este fenómeno permite que los colores de los objetos nos parezcan estables incluso cuando la luz cambia drásticamente. Al anochecer, un plátano amarillo refleja mucha más luz azulada que al mediodía, pero sigue pareciendo amarillo. El cerebro humano ha aprendido a adaptarse a los cambios regulares de la luz natural. Sin embargo, a veces la luz artificial engaña a estos mecanismos; por ejemplo, esa carne de ternera del mostrador podría no ser tan roja como sugiere la lámpara de la carnicería.

Los sensores de luz también varían entre personas. Los varones biológicos son más propensos al daltonismo, debido a mutaciones en el cromosoma X que afectan a los conos sensibles al rojo y verde, mientras que las mujeres biológicas tienen un segundo cromosoma X que las protege. Algunas portadoras, además, podrían tener visión tetracromática y superdimensional, aunque es poco común. En cualquier caso, el término «daltonismo» no es correcto, puesto que estas personas sí ven los colores, solo que de forma distinta.

También hay diferencias notables entre hombres y mujeres en cuanto a las preferencias de color, aunque estas están influidas por la cultura. Lo que distingue a los humanos de otros animales es la capacidad cognitiva de apreciar la naturaleza compleja del color, de entender, por ejemplo, por qué el azul intenso de una flor de genciana atrae a una abeja y emociona a las personas.

PÁGINA ANTERIOR La visión humana también dispone de mecanismos especiales para detectar el contraste de color. Gracias a ellos, una flor roja destaca sobre un fondo verde.

El sentido del color para los humanos

Los seres humanos somos criaturas sociales, así que nuestro afán por encajar y ser aceptados por los nuestros es esencial para progresar.

En el reino animal, el color desempeña un papel crucial en la comunicación y emisión de señales. Muchos animales lo utilizan para atraer a una pareja, ahuyentar depredadores o marcar su posición dominante dentro del grupo. Los humanos también usamos el color para transmitir señales biológicas, pero además le atribuimos un valor simbólico.

Los colores tienen un fuerte significado cultural en todas las sociedades. No obstante, ese simbolismo varía según la cultura e incluso entre las distintas interpretaciones. Por ejemplo, en el hinduismo, el azul se asocia con Krishna y representa la divinidad, la espiritualidad y la virtud; en algunas culturas africanas, en cambio, se vincula con el mundo espiritual o el más allá. En Occidente, suele relacionarse con la calma y la estabilidad, lo que explica su uso frecuente en bancos y empresas tecnológicas. Hoy en día, la globalización y el intercambio cultural han hecho que los significados de los colores se mezclen y se adapten entre distintas regiones. Aunque muchos de estos sentidos tienen su origen en la naturaleza, los humanos los hemos reinterpretado y ampliado a lo largo del tiempo para adaptarlos a nuestras necesidades y formas de expresión.

La evolución histórica del color en la moda ofrece una ventana a través de la cual analizar estas dinámicas. La Revolución Industrial de los siglos XVIII y XIX marcó un punto de inflexión, donde los avances en química condujeron a la fabricación de pigmentos sintéticos, lo que transformó el consumo. Al dejar de depender de los tintes naturales, la paleta de colores se amplió, democratizando la moda y haciéndola más accesible. Esto dio la oportunidad de que las tendencias evolucionaran de forma más dinámica, gracias a que las personas podían elegir colores que reflejaran su identidad.

El uso del color en moda y diseño de interiores sigue evolucionando gracias a las nuevas tecnologías, pero sigue nutriéndose de las respuestas humanas ante el color de la naturaleza. Las aulas se pintan de verde pastel para calmar a los niños hiperactivos; las cocinas, de amarillo chillón para estimular el ánimo

Las túnicas de los monjes budistas del sudeste asiático son de color azafrán anaranjado, como establece la tradición desde hace veinticinco siglos, cuando se elaboraban con telas desechadas, se hervían y se teñían con materiales vegetales y especias.

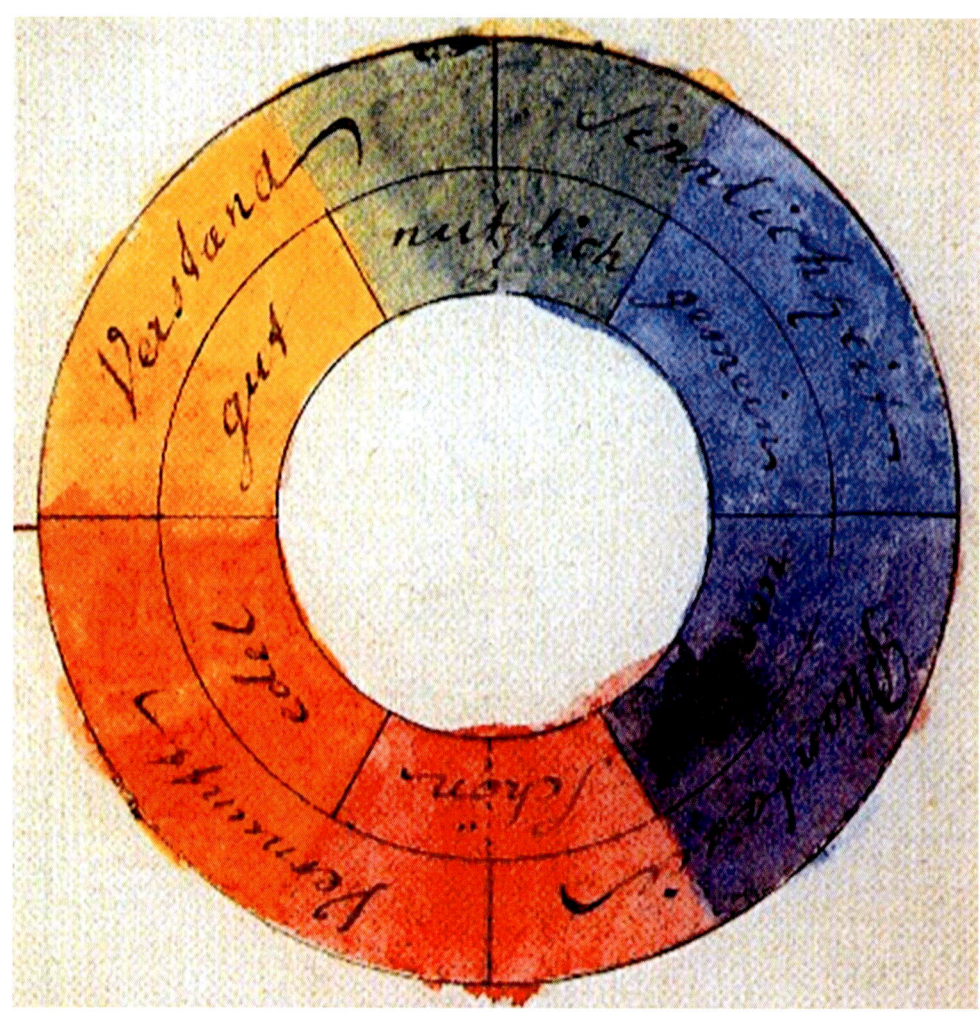

Rueda de colores diseñada por
Johann Wolfgang von Goethe,
1810. Quizá fuera el pionero
en organizar los colores según
sus asociaciones simbólicas,
morales y emocionales.
A modo de ejemplo, el amarillo
(superior izquierda) se asocia
con la inteligencia (en alemán,
Verstand) y la bondad (*gut*).

del cocinero; un vestido rojo parece hecho para atraer las miradas. Estos colores evocan el frescor de un bosque, la energía de un amanecer o el impacto de una flor. La fuerza emocional de estos estímulos naturales es lo que sigue inspirando a diseñadores y artistas.

El color como medio de expresión

El concepto del color como herramienta de autoexpresión está relacionado con nuestros instintos más primitivos. Desde los albores de la civilización, el color ha respondido a una necesidad básica de cohesión social, dado que el uso de colores semejantes fortalece el sentimiento de pertenencia a un grupo.

Del mismo modo que muchos animales muestran colores vivos para atraer pareja, los humanos llevan mucho tiempo decorado sus cuerpos y entornos con colores tanto por placer como para resultar atractivos. Como seres sociales, vivimos una tensión constante entre destacar y encajar, una dualidad que sigue definiendo nuestra relación con el color y la moda.

La innovación impulsa la evolución de las tendencias cromáticas de la moda y no solo en las técnicas de producción. Por ejemplo, la biotecnología ya investiga materiales de desecho como fuente de nuevos pigmentos. Por otro lado, el auge de la moda digital abre la puerta a un futuro donde las tendencias del color podrían definirse en entornos virtuales completamente nuevos.

La naturaleza ofrece colores que seguimos adoptando como guía para modelar el ambiente y la funcionalidad de un espacio. Al elegir tonos que relajan o estimulan, los diseñadores aprovechan nuestra conexión con la naturaleza para crear interiores cargados de armonía, serenidad y equilibrio.

A la hora de conseguir un diseño armonioso es fundamental observar cómo interactúan los colores entre sí, tanto los de los materiales como los generados por la iluminación, reflejando así las complejas relaciones que se dan en la naturaleza. Estas interacciones dependen de cómo el cerebro procesa dichas relaciones naturales. Mucho antes de que se entendieran los procesos del ojo o el cerebro humano, ya los artistas y científicos reconocían sus efectos. Un ejemplo claro es la rueda de color propuesta por Isaac Newton en 1704, que organizaba los colores sistemáticamente según sus opuestos. Hoy en día, los diseñadores recurren a los colores complementarios, ubicados en lados opuestos de la rueda, para aportar dinamismo a una estancia, mientras que los colores análogos, situados uno junto al otro, sirven para producir una sensación de unidad y cohesión.

1

¿QUÉ ES EL COLOR?

INTRODUCCIÓN

Para que los humanos o cualquier animal podamos ver los colores, necesitamos luz. En la Tierra, casi toda la luz procede del sol, así que estamos acostumbrados a percibirla. Luego, existe la luz del fuego, un fenómeno natural derivado de la combustión de objetos, que pudo originarse por un rayo, pero que incluye también la luz de las estrellas y la que producimos de forma controlada en bombillas. Sin embargo, la mayor biosfera, o espacio habitable, del planeta está en las profundidades oceánicas, donde la luz solar no llega. Allí, la única iluminación proviene de la bioluminiscencia, es decir, la luz generada por ciertos animales marinos.

Isaac Newton, físico del siglo XVII, es conocido por descomponer la luz solar con un prisma, generando el mismo efecto que observamos en un arcoíris. La luz blanca del sol puede dividirse en colores o, para ser más exactos, en regiones del espectro. Los objetos absorben ciertas franjas del arcoíris, o regiones espectrales, y reflejan otras, de forma que esto es lo que determina su color. Por ejemplo, una hoja se ve verde porque cuando la luz blanca incide sobre ella, la clorofila, un compuesto químico que contiene, absorbe los extremos del espectro, en concreto los violetas, azules, rojos y amarillos, y refleja solo la luz verde.

Hay distintos mecanismos ópticos que explican el color de los objetos. Los más conocidos son los colores pigmentos, como los de la pintura o los tintes textiles, que provienen de compuestos químicos como la clorofila; pero también existen fenómenos físicos como la reflexión selectiva, entre ellos la «dispersión», responsable de que el cielo sea azul. Otro fenómeno, la «interferencia en película delgada», o iridiscencia, es una forma de dispersión que genera los colores de una pompa de jabón o del ala azul de una mariposa. Muchos animales usan tanto pigmentos como mecanismos de dispersión para dar color a sus cuerpos.

En este capítulo, analizaremos los colores que aparecen en las rocas, el suelo, los cuerpos de agua y las plantas. Asimismo, se consideran otros colores de la naturaleza y observaremos por qué resultan determinantes para los animales que habitan la Tierra, incluidos nosotros.

Refracción que produce la luz blanca
para formar los colores del arcoíris.
Así fue como Isaac Newton descubrió
por primera vez la naturaleza de la luz,
gracias a un proceso similar al que
ocurre cuando la luz atraviesa gotas de
agua y se produce un arcoíris en el cielo.

¿CÓMO SE ORIGINA EL COLOR?

Del mismo modo que el color no puede existir sin una mente que lo interprete, tampoco puede darse sin luz. En la oscuridad todo parece igual. Esto nos lleva a preguntarnos: ¿qué es la luz?

La verdad es que no lo sabemos. Si se le pregunta a un físico, dirá que la luz se comporta a menudo como una onda y otras veces como una diminuta partícula de energía. Algunos científicos intentan representar esta dualidad dibujando una pequeña canica con alas onduladas. Por suerte, para nosotros no es necesario comprender del todo qué es la luz para disfrutar de ella ni del modo en que revela los colores del mundo, que de otro modo permanecerían ocultos.

La principal fuente natural de luz (y de vida) en la Tierra es el Sol, muy por encima de otras como la bioluminiscencia de ciertos animales. En realidad, el Sol es una gigantesca pero estable reacción termonuclear contenida dentro de una esfera de unos 1,6 millones de kilómetros de diámetro y situada a 150 millones de kilómetros de nosotros. No obstante, desde nuestro punto de vista, no es más que un pequeño círculo brillante que podemos tapar con el pulgar al extender el brazo. Es lo que se conoce como una «radiación del cuerpo negro», lo que implica que su color depende de una temperatura específica, en este caso, unos 5600 °C, similar a la del filamento de una lámpara de arco como las que se usan en algunos estadios.

La luz solar nos parece blanca, igual que la luz de esas lámparas de arco, y no amarilla, como en los dibujos de los niños. Esta luz blanca es ideal para iluminar el mundo, puesto que permite que los colores se vean nítidos y podamos distinguirlos unos de otros. Si la luz solar fuera realmente amarilla, no podríamos ver tan bien los tonos azules que abundan a nuestro alrededor.

LA PENETRACIÓN DE LA LUZ EN DIFERENTES MASAS DE AGUA

La escala de la parte superior muestra la radiación electromagnética del sol, desde las ondas más cortas hasta las más largas, incluyendo el rango que llamamos luz visible. Para muchos animales, esto también abarca la luz ultravioleta (UV), entre 300 y 400 nanómetros, y en algunos casos, la luz infrarroja (IR), más allá del rojo, por encima de los 700 nm y debajo de 400. Esta escala se ha ampliado para ilustrar cómo la luz se filtra selectivamente con la profundidad en aguas de mar abierto (azules) y en aguas costeras (verdosas). Las aguas verdes, ricas en algas y clorofila, también son típicas de lagos y ríos de agua dulce (*véase* página 37).

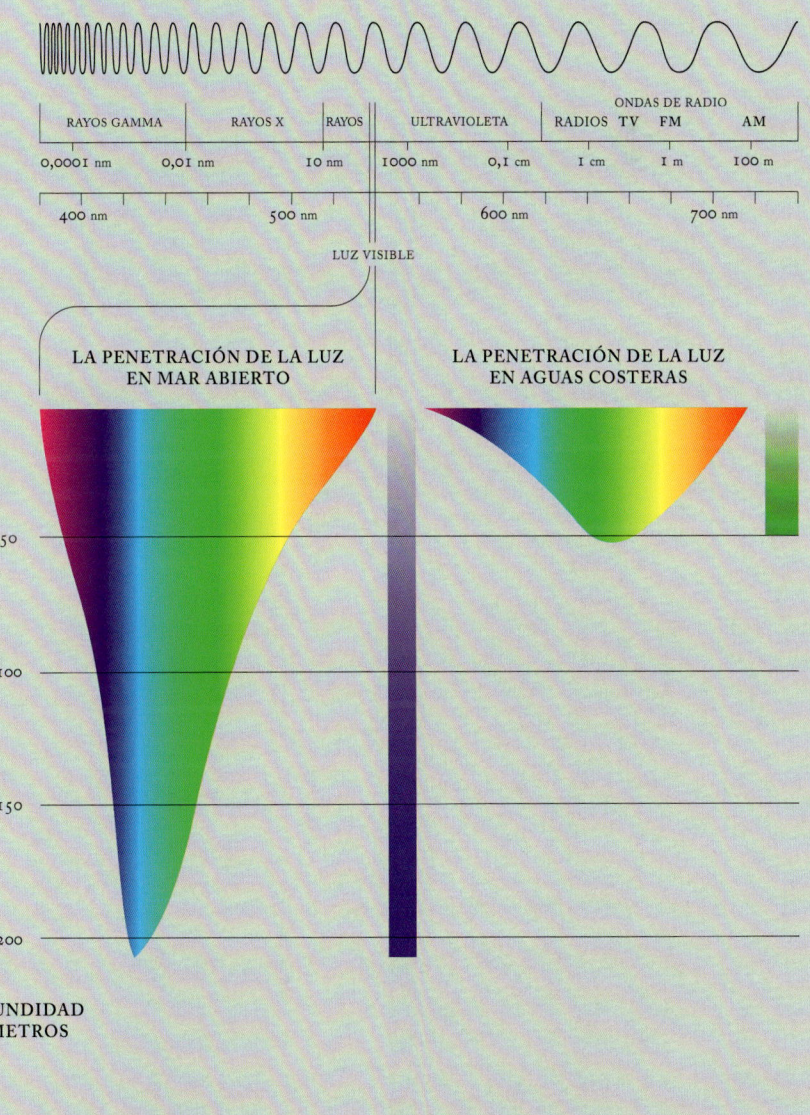

Luz solar

La luz solar interactúa de distintas formas con la atmósfera terrestre; sin esa capa, el planeta se parecería mucho a la Luna, es decir, tendríamos un cielo negro, un sol siempre blanco y transiciones entre el día y la noche casi instantáneas. No obstante, los gases, el agua y las partículas del aire modifican tanto la luz solar directa como el aspecto de otras partes del cielo que vemos.

En el caso de la luz solar directa, el sol adquiere un tono rojizo a medida que se aproxima al horizonte. Esta luz roja directa incide sobre las nubes situadas en la parte del cielo opuesta al sol. Si las nubes están a gran altitud, ese efecto puede prolongarse incluso después de que el sol se haya ocultado.

PÁGINA ANTERIOR
Nubes lenticulares durante la puesta de sol.

Un ejemplo del color que produce la luz indirecta se da en el azul del cielo, que se origina gracias a la atmósfera terrestre. Las moléculas del aire dispersan la luz solar, de forma que esta dispersión se intensifica a medida que los colores se desplazan por todo el espectro, entre el rojo y el violeta. En realidad, el cielo parecería violeta si nuestros ojos fueran más sensibles a este color.

La atmósfera también contiene acumulaciones de agua localizadas en distintas formas: cristales de hielo, partículas microscópicas de agua y gotas de mayor tamaño, que es lo que conocemos como nubes. Estos elementos influyen significativamente en el brillo de la luz y la apariencia del cielo. En función de su densidad y posición con respecto al sol, las nubes pueden verse desde un blanco resplandeciente hasta tan oscuras que parece que esté anocheciendo. Las gotas de lluvia con el tamaño necesario forman arcoíris cuando el sol las ilumina directamente, puesto que cada gota funciona como un prisma diminuto que descompone la luz solar blanca en sus diversas tonalidades. Asimismo, pueden producirse efectos similares en nubes muy finas, que adquieren un brillo iridiscente.

La luz de la luna

El día solo cuenta la mitad de la historia. Aunque dejamos de percibir los colores al final del atardecer y no los recuperamos hasta el amanecer, hay animales que sí pueden distinguirlos en la oscuridad. Mientras que nosotros vemos la luna llena y el paisaje que ilumina como plateados, algunos animales perciben la luna en tonos marrones y el cielo nocturno con un azul similar al del día. Esto tiene sentido, debido a que la luz lunar es, a fin de cuentas, luz solar reflejada; por tanto, para muchas especies nocturnas, los colores siguen siendo útiles, pese a que sean tenues en comparación con los del día.

En cierto modo, la luna actúa como un espejo del sol, aunque algo opaco. A pesar de parecer del mismo tamaño, cuando está llena, la luna es unas 500 000 veces menos brillante y un poco más amarronada.

El cielo nocturno sin luna es muy distinto, pues apenas hay luz solar reflejada. La mayor parte del tiempo, las principales fuentes de luz provienen de muchas estrellas enanas rojas, demasiado débiles para distinguirse individualmente, y de una tenue aurora verdosa llamada «luminiscencia nocturna». Juntos, el rojo de las estrellas y el verde de la aurora tiñen el cielo sin luna de un tono anaranjado a los ojos de ciertos animales que aprecian los colores durante la noche.

Un animal capaz de apreciar los colores tanto de día como de noche, como una polilla o una salamanquesa, experimenta una gran variedad de luces. Durante el día, el sol les parece blanco y el color del cielo depende de cómo se distribuyen las gotas de agua. Al atardecer, el sol se vuelve rojo y el cielo se llena de matices cambiantes y complejos de azul, púrpura, rojo y rosa. Luego, si hay luna, el cielo vuelve a ser azul, como si fuera de día; si la luna no aparece sobre el horizonte, se torna naranja a causa de las estrellas y la luminiscencia atmosférica. En resumen, nuestro planeta está bañado día y noche por luces de muchos colores que están en constante cambio.

PÁGINA SIGUIENTE Cielo iluminado por la luna, oeste de Finlandia.

PÁGINAS 34-35 La aurora boreal, o aurora polar, que cubre la Atigun Pass en el círculo polar ártico.

LOS COLORES DEL AGUA, ROCAS Y PLANTAS

Si miráramos nuestro planeta desde el espacio, se vería azul como consecuencia de que el 75 por ciento de la superficie está cubierta de agua. El resto presenta un color marrón o verde por las rocas, tierra y plantas.

Más del 99 por ciento de la biosfera terrestre, es decir, el espacio habitable, se encuentra en el océano, ya que no solo es extenso, sino que también tiene una profundidad media de al menos 3,2 km. Por tanto, el color de la mayor parte del mundo habitable es el del agua, o sea, el azul.

A pesar de que el agua pura parece transparente, cuando se acumula en grandes cantidades, como en una piscina profunda, se percibe de color azul. Esto se debe a que transmite mejor la luz azul que cualquier otro color. Aunque no serviría como pintura, al haber tanta cantidad en el océano, ese tono azul se hace visible.

Ahora bien, no toda el agua del planeta se ve azul. Esto se debe a que existen tres factores que influyen en el color del agua natural: el agua en sí, la clorofila y la suciedad. La clorofila, la sustancia que confiere ese color verde a las hojas, suele estar presente en algas unicelulares, aunque también puede encontrarse en plantas más grandes, como las algas marinas. El grado de verdor normalmente indica cuánta vida puede albergar el agua, debido a que las algas están en la base de la cadena alimentaria. En algunos casos, hay tantas que el agua parece pintada de verde, pero, en raras ocasiones, hay algas rojas que producen mareas rojas.

La suciedad en el agua aparece de dos formas: carbono orgánico disuelto y sedimentos en suspensión. El primero provoca que las aguas costeras y la mayoría de las aguas dulces tengan un color marrón amarillento, mientras que los segundos enturbian el agua en la zona de oleaje o en estanques fangosos, impidiendo ver a través de ella. Al igual que sucede con las impurezas de las piedras preciosas, basta una pequeña cantidad de clorofila o sedimento para cambiar por completo el color del agua, aunque el resultado rara vez sea igual de bonito.

Carretera que separa dos lagos
(*lochs*) en las Tierras Altas de Escocia.
El lago de la izquierda contiene
una alta concentración de clorofila,
probablemente procedente de algas
microscópicas, lo que confiere ese
color verde al agua (*véase* página 29).

Para la mayoría, el agua más clara suele parecer la más hermosa, al ser de un azul impactante. Lejos de la costa, donde disminuye la suciedad terrestre y la presencia de algas, gran parte de la superficie del océano se vuelve más transparente. Por eso, en las famosas fotografías de la Tierra desde el espacio, nuestro planeta muestra ese aspecto característico de esfera azul marfil.

Las rocas

Cuando pensamos en rocas de colores, nos vienen a la mente los minerales. Las piedras preciosas son quizá el ejemplo más destacado, aunque entender el origen de sus colores no siempre resulta sencillo.

PÁGINA ANTERIOR Zona volcánica en la cordillera de Ankara, Turquía, en la que se aprecian los colores de rocas y minerales.

Un ejemplo es el óxido de aluminio, que en su forma pura parece un cristal transparente, pero con solo una pequeña cantidad de cromo se convierte en un rubí rojizo espectacular. Si en lugar de cromo se añaden pequeñas cantidades de hierro y titanio, el resultado es un zafiro azul, igual de asombroso. Lo curioso es que el cromo, el hierro y el titanio son metales plateados, pero al incorporarse en pequeñas cantidades al óxido de aluminio, cambian la forma en que todo el conjunto interactúa con la luz visible.

Rubíes y zafiros no son las únicas gemas cuya coloración depende de las impurezas. Por ejemplo, los diamantes pueden presentar diversos colores según las que contengan. El famoso diamante Hope es tan azul como un zafiro, porque contiene trazas del elemento boro; mientras que la presencia de pequeñas cantidades de nitrógeno da lugar a diamantes amarillos.

Como es sabido, las piedras preciosas son muy poco comunes, de modo que esa escasez es lo que las hace tan valiosas. Sin embargo, no son las únicas rocas con colores llamativos. Las rocas comunes de la Tierra también presentan diversas tonalidades, aunque rara vez con la intensidad de una gema. El granito es uno de los ejemplos más representativos, ya que puede variar del gris al rosa intenso. El granito más gris contiene más magnesio y hierro, y el más rosado tiene una mayor cantidad de potasio, sodio y aluminio. Esta roca se forma cuando el magma se enfría y solidifica bajo la superficie terrestre, a diferencia de la lava, que lo hace sobre ella. Si el granito es muy antiguo, más de mil millones de años, puede pasar por una nueva fusión parcial. Al enfriarse otra vez, puede convertirse en una roca con vetas rosa y gris llamada «gneis». Algunas de estas rocas tienen más de 4000 millones de años y se encuentran en las regiones más antiguas de los continentes, como los territorios del noroeste de Canadá o la isla de Harris, en Escocia.

Pese a que el granito es uno de los materiales que constituyen los cimientos del planeta, apenas lo encontramos en la superficie, salvo en algunos afloramientos. Al contrario, las zonas con mayor exposición de roca suelen ser las arenas de desiertos y costas. Estas pueden varían del negro volcánico a tonos más comunes como el rojo y amarillo, así como a un blanco deslumbrante, formadas por corales, conchas o depósitos de sal.

Las plantas

La Tierra es un planeta húmedo y lleno de vida. Los casquetes polares son blancos porque la nieve y el hielo dispersan la luz, mientras que las vastas masas de agua profunda se ven azules. En el resto del planeta, el color lo proporcionan las plantas. Casi toda la superficie terrestre que no está cubierta de nieve o hielo cuenta con vegetación. Las aguas costeras también pueden volverse verdes por la clorofila presente en las algas; en cambio, lo que tiñe gran parte del planeta de verde son los bosques y las praderas. Solo los desiertos más áridos carecen de vegetación.

Todas las plantas obtienen su color de un mismo grupo de moléculas: la clorofila. Aunque es difícil señalar cuál fue la innovación clave que permitió que el planeta llegara a estar tan densamente poblado, la mayoría de los biólogos probablemente destacaría la evolución de la clorofila. Esta molécula resulta esencial para que las plantas y muchos otros organismos puedan usar la energía solar y generar oxígeno. La clorofila absorbe la luz azul y roja del espectro visible como primer paso del proceso de «recolección de energía solar» (*véase* página 29), y deja que la luz verde se refleje, razón por la que muchas plantas parecen verdes. No obstante, no todas las plantas son verdes, ni todas lo son siempre. Esto se debe a que la cantidad de clorofila varía entre especies y épocas, y a que las plantas poseen otros pigmentos que cumplen diferentes funciones. A veces, estos pigmentos resultan evidentes, como en ciertas plantas ornamentales y árboles con hojas rojas o púrpuras. En otros casos, esos pigmentos permanecen ocultos bajo el efecto dominante de la clorofila, como la mayoría de los árboles de hoja caduca. En otoño, al morir las hojas, la clorofila desaparece, dejando al descubierto los pigmentos rojos, naranjas y amarillos que han estado presentes durante todo el verano, pero que habían pasado desapercibidos.

PÁGINA SIGUIENTE Un arroyo que discurre por el bosque tropical de El Yunque en Puerto Rico.

PÁGINAS 42-43 Dunas del desierto del Sahara, Merzouga, Marruecos.

¿Cómo producen el color los seres vivos?

Existen muchas formas de conseguir un aspecto colorido; sin embargo, plantas y animales recurren sobre todo a dos mecanismos muy distintos: los pigmentos y la composición.

Los pigmentos suelen producir el color en los seres vivos. Funcionan porque ciertos átomos o moléculas absorben longitudes de onda específicas de la luz, reflejando o transmitiendo las restantes en una región del espectro que percibimos como color.

En nuestro entorno, los pigmentos están por todas partes, dado que se usan para dar color a casi todos los objetos fabricados por los humanos, como muebles, pinturas, electrodomésticos, vehículos. tejidos y un largo etcétera. Incluso los usamos para colorear nuestro cuerpo, ya sea en forma de tatuajes o con maquillaje. Muchos de estos pigmentos artificiales son moléculas inorgánicas, como minerales o tintes sintéticos, o incluso elementos como el cobre o el oro.

Los animales y plantas, por el contrario, no emplean estos pigmentos artificiales, sino compuestos orgánicos que producen por sí mismos o que obtienen a partir de su alimentación. Algunos de estos compuestos contienen iones metálicos, como en el caso de la hemoglobina, que da a la sangre ese color rojo, y la clorofila, responsable del verde en las plantas. Ambas comparten una estructura molecular similar llamada porfirina, pero la hemoglobina contiene hierro y la clorofila magnesio.

En la mayoría de los casos, estos pigmentos producen el color a través de la reflexión, aunque también es común que lo hagan mediante transmisión. Ahora bien, los colores estructurales, aquellos que dependen de la forma en que estructuras microscópicas interactúan con la luz, son diferentes. Los humanos también emplean esta técnica para crear colores iridiscentes en esmaltes o aparecen por azar en películas delgadas como las que forma el petróleo y otros contaminantes sobre el agua. Muchos animales y algunas plantas producen colores estructurales dispersando la luz, lo que suele dar lugar a un azul empolvado, o controlándola mediante nanoestructuras conocidas como «cristales fotónicos».

Grupo de mariposas monarca en el que se aprecian los pigmentos omocromos anaranjados gracias a los bordes negros producidos por la melanina.

Aparte de estos dos enfoques, que producen color al reflejar o transmitir la luz, algunos animales lo consiguen al emitir luz. Algunos son fluorescentes, porque absorben luz de un color y la reemiten como otro diferente. Otros son bioluminiscentes, ya que generan su propia luz «fría» mediante procesos bioquímicos, que contrasta con la luz caliente del fuego o de una lámpara de arco. Existen unos pocos hongos que son fosforescentes e irradian durante la noche la luz que captan durante el día, emitiendo un resplandor tenue y fantasmagórico.

La diversidad de pigmentos en plantas

PÁGINA ANTERIOR Ave del paraíso, cuyo color verde probablemente proceda de la clorofila, el naranja de los carotenoides y los rojos o azules de las antocianinas.

La belleza del mundo natural es en gran parte un regalo de las plantas, que dominan el paisaje visual de los entornos terrestres donde vive la mayoría de los humanos y aportan los colores vívidos de los bosques de algas y los arrecifes de coral. Igualmente, su belleza no acaba ahí, ya que muchos pigmentos animales se obtienen de las plantas que consumen o se modifican a partir de esos pigmentos vegetales. Desde hace siglos, los seres humanos han empleado pigmentos vegetales como achiote, azafrán o índigo, para teñir tejidos y, en ocasiones, sus cuerpos. El comercio de estos tintes probablemente figura entre las economías humanas más antiguas.

Las plantas son expertas en bioquímica, debido a que fabrican sus propios pigmentos para realizar la fotosíntesis, protegerse contra la luz ultravioleta dañina (fotoprotección), embellecer las flores para la polinización y resaltar los frutos para favorecer su dispersión. Las sustancias que usan para dar color suelen ser compuestos orgánicos complejos, que incluyen carbono, hidrógeno y oxígeno, y a menudo también átomos de nitrógeno y azufre. La clorofila, además, contiene magnesio. Como pocos de estos procesos se producen en los animales, estos deben ingerir pigmentos vegetales para obtener su color.

La clorofila es una porfirina y, aunque existen varios tipos, sus estructuras moleculares son similares pero distintas. Asimismo, las plantas utilizan otros pigmentos, como los «fitocromos», para detectar el color de la luz natural y, así, calcular la duración del día y la estación del año. Otros colores vegetales provienen de los isoprenos, compuestos que forman los carotenoides rojos, naranjas y amarillos, así como los flavonoides, responsables de sintetizar las intensas antocianinas violáceas y rojas.

A diferencia de los animales, que producen melaninas para conseguir tonos negros, las plantas no disponen de un pigmento negro específico.

En su lugar, utilizan concentraciones elevadas de taninos, antocianinas u otros mecanismos menos conocidos.

Ninguno de estos pigmentos produce el color azul. A pesar de que es posible obtener tonos azulados tenues modificando algunas antocianinas, existen otros sistemas bioquímicos más extraños que generan otros azules.

La diversidad de pigmentos en animales

Los colores tan llamativos de muchos animales, incluidos vertebrados como aves, reptiles y peces, así como artrópodos, entre ellos los insectos, dependen de una paleta de pigmentos compartida.

Las melaninas son las responsables de producir el color negro de casi todos los animales. Los tonos amarillos, naranjas y rojos provienen generalmente de carotenoides, aunque a veces intervienen otros pigmentos. Un derivado de la melanina, la feomelanina, produce colores amarillentos o rojizos en muchos vertebrados. El sargento alirrojo combina los tres pigmentos: la melanina tiñe la mayor parte del cuerpo, el carotenoide rojo aparece en las coberteras alares y la feomelanina amarilla alrededor de las manchas rojas.

Aparte de los carotenoides, los insectos y crustáceos suelen emplear omocromos, que derivan del aminoácido triptófano, para producir tonalidades rojizas o marrones. La mariposa monarca tiene unas alas naranjas oscuras gracias a los omocromos, contorneadas por la melanina. Las manchas blancas son colores estructurales, no pigmentarios. Los crustáceos combinan carotenoides con proteínas para formar carotenoproteínas azules o verdes.

Salvo el azul de algunos crustáceos, casi todos los tonos azulados de los animales son estructurales. El verde, por su parte, puede surgir de diversas fuentes. Como dijo la rana Gustavo: «No es tan fácil ser verde». Las ranas usan la biliverdina, un compuesto que nace de la descomposición de la hemoglobina. Aunque lo más frecuente es que se excrete, en este caso se combina con una proteína llamada serpina, formando un pigmento que circula por la sangre y tiñe de verde la piel. La hemoglobina también se usa para formar manchas rojas que aparecen y desaparecen con rapidez como el rubor.

Los perezosos presentan un pelaje verde por la clorofila de las algas verdes que viven en simbiosis con ellos. En los loros, el verde tampoco proviene de un pigmento como tal, pues poseen pigmentos amarillos llamados psitacofulvinas y, cuando parecen verdes, es porque combinan ese amarillo pigmentario con un azul estructural. En realidad, no tienen ningún pigmento verde.

PÁGINA SIGUIENTE Un sargento alirrojo muestra la mancha de rojo intenso que le confiere el carotenoide, contrastando sobre su cuerpo negro por efecto de la melanina y destacándola con una franja amarilla de la feomelanina.

LA CLOROFILA: HOJAS Y PLANTAS

¿Por qué la clorofila es el pigmento más importante? Porque, en pocas palabras, sin ella no existiría la diversidad de vida que conocemos hoy.

El crecimiento de casi todas las plantas depende de la capacidad de la clorofila para absorber la energía solar y utilizarla en la síntesis química, proceso que genera las moléculas necesarias para la vida. Pese a que existen microorganismos que sobreviven con energía química en aguas termales o rezumaderos oceánicos, al igual que algunos animales que se alimentan de estos microbios, la vida terrestre está dominada por organismos que dependen de la clorofila. Su subproducto, el oxígeno, sustenta el estilo de vida dinámico de los animales complejos.

Todas las plantas conocidas contienen dos tipos de este pigmento: la clorofila a y la clorofila b, las moléculas pigmentarias más abundantes de nuestro planeta. La clorofila a surgió hace miles de millones de años y es muy antigua; la clorofila b apareció más tarde, aunque su estructura química es casi idéntica a su antecesora. Asimismo, ambas son porfirinas que contienen un ion de magnesio. En algunas algas existen variantes adicionales, pero no están presentes en las plantas terrestres.

La clorofila es verde; de hecho, su nombre significa «hoja verde». Este color podría parecer ideal para captar la radiación solar de alta energía en longitudes de onda del azul verdoso al verde; pero ser verde implica que no absorbe esa parte del espectro, sino que la refleja o transmite. En realidad, absorbe mejor la luz roja y azul. Los pigmentos auxiliares transfieren energía en longitudes intermedias a la clorofila, aunque la conversión total de energía solar en química es baja, de solo un 1 por ciento. Afortunadamente, la cantidad de energía solar disponible es inmensa.

Además de producir oxígeno y proporcionar energía para la biosíntesis, la clorofila transforma el dióxido de carbono en compuestos orgánicos esenciales para la vida, eliminándolo del aire y sosteniendo el principal mecanismo natural contra el cambio climático. Por esta razón, la pérdida de clorofila causada por la deforestación tiene repercusiones graves en el clima y en los ecosistemas del planeta.

La clorofila les confiere a estas
hojas el color verde intenso.

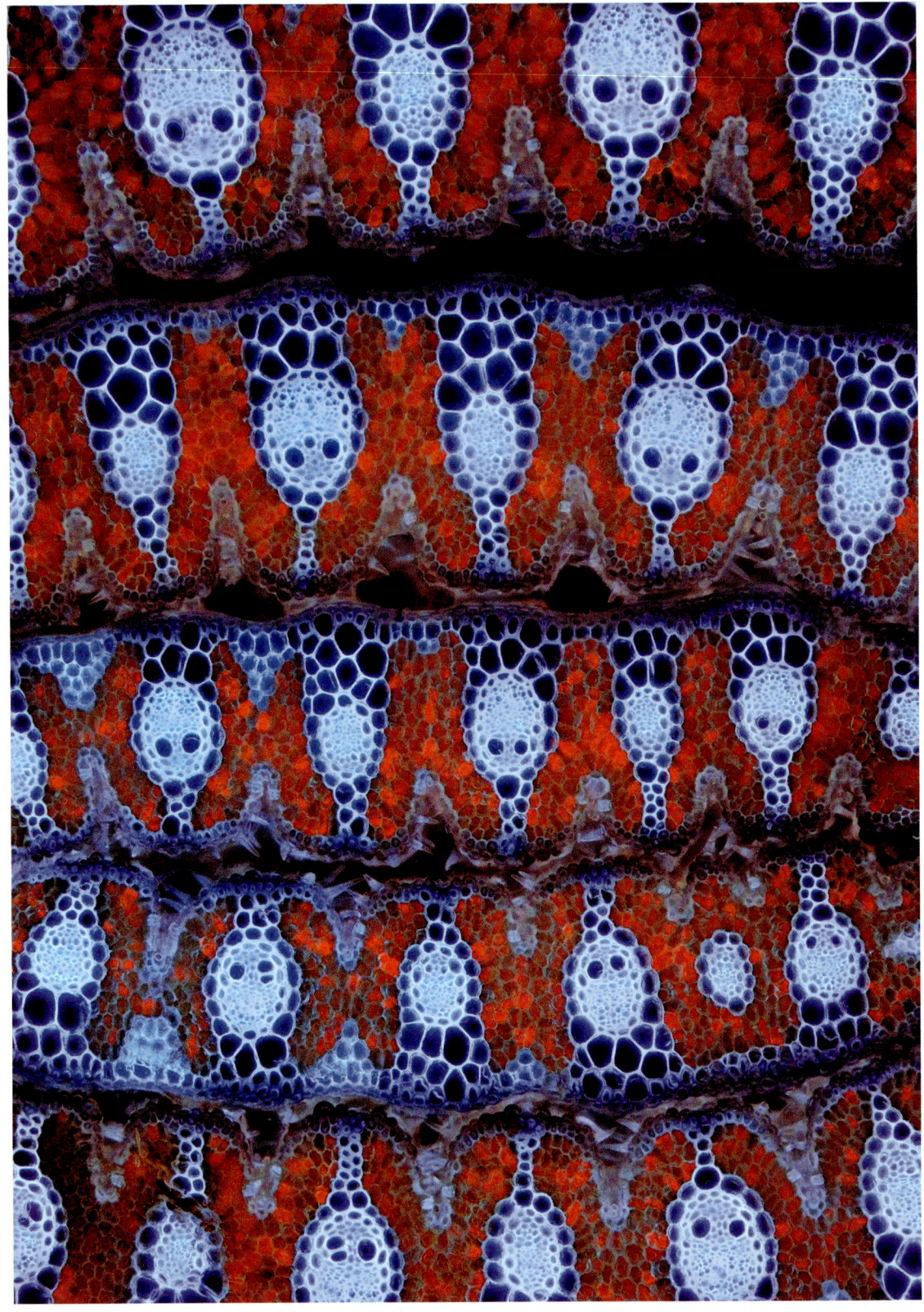

También posee otra propiedad notable, es decir, emite una fuerte fluorescencia en longitudes de onda rojas e infrarrojas, lo que posibilita detectar mediante teledetección las zonas terrestres y marinas donde abundan las plantas fotosintéticas.

¿Cómo se calibra la clorofila?

La clorofila es el único pigmento vegetal capaz de producir energía química útil a partir de la luz, aunque solo absorbe una parte del espectro solar. Como cabría esperar, los miles de millones de años transcurridos desde la aparición de la clorofila han dado margen suficiente para que surgieran adaptaciones que mejoran el rendimiento de esta molécula esencial. Entre ellas están los pigmentos fotosintéticos, que captan luz en regiones del espectro donde la clorofila es menos eficaz y le transfieren esa energía.

De los dos tipos de clorofila, solo la a convierte la luz en energía química. En cambio, la b actúa como un pigmento fotosintético, porque se enlaza con la a y le transfiere la energía que capta. Otra importante familia de pigmentos fotosintéticos son los carotenoides, compuestos químicos presentes en los cloroplastos junto a las clorofilas, que también transfieren su energía a la clorofila a. Los cloroplastos son orgánulos celulares donde la clorofila permite a las plantas liberar oxígeno y formar compuestos orgánicos simples.

Los carotenoides presentan tonos rojos, naranjas o amarillos brillantes. Estas moléculas y sus derivados se extraen de las plantas para producir colores similares en animales. Absorben de manera eficaz la luz azul verdosa y verde, así que abarcan regiones que las clorofilas no suelen conseguir captar. Otras moléculas que están estrechamente relacionadas con los carotemoides son las xantofilas, que presentan un color marrón o amarillo.

A pesar de que todos estos pigmentos de diversos colores siempre están presentes en las hojas, su concentración es mucho menor que la de la clorofila, por lo que rara vez se ven sus colores. Solo se revelan al extraerlos mediante métodos químicos o cuando la clorofila, que los eclipsa, se degrada de forma natural. Ese espectáculo precioso que nos brinda la belleza del follaje otoñal se debe a que, al finalizar el verano, la fotosíntesis se detiene y la clorofila desaparece a gran velocidad; entonces, se acaba revelando el color naranja y rojo de los carotenoides, junto con el amarillo de las xantofilas. Estos pigmentos tan bonitos siempre han estado ahí; solo que la abundancia de clorofila los mantenía ocultos. Aun sin manifestarse con frecuencia, son esenciales para el buen funcionamiento de las plantas.

PÁGINA ANTERIOR
Fluorescencia roja de la clorofila vista desde el microscopio en una hoja de plumero de la Pampa iluminada con luz ultravioleta. Las «caras» visibles son haces vasculares de la hoja; los «ojos», vasos del xilema.

Los pigmentos de las flores

Las flores son seres bellos y efímeros. A veces resultan extrañas, casi de otro mundo, pero con frecuencia son sobrecogedoras, y sus formas varían desde lo más sencillo hasta lo extravagante, al igual que sus colores y pigmentos.

Entre los pigmentos favoritos de las plantas están las antocianinas y los carotenoides, cada uno con una asombrosa variedad de tipos. Las antocianinas generan tonalidades que van del azul púrpura al rojo anaranjado, mientras que los carotenoides abarcan colores desde el amarillo hasta el rojo intenso.

La diversidad de pigmentos es inmensa, aunque algunos nombres dan pistas interesantes. La antocianina pelargonidina se encuentra en los geranios (género *Pelargonium*); las malvas producen malvidina, y las peonías, peonidina; no obstante, no todas las antocianinas poseen nombres tan obvios. Los carotenoides, en cambio, a menudo se nombran según los colores que generan, como la aurona (dorada) o la xantina (amarilla).

Las flores evolucionaron por primera vez hace solo unos 100 millones de años, un momento relativamente reciente en términos geológicos, y a menudo reutilizan pigmentos fotosintéticos, en un principio destinados a captar luz, para generar esos colores deslumbrantes. Algunas flores usan un solo tipo de pigmento, pero la mayoría combina varios, sobre todo antocianinas y carotenoides, para producir estos colores. Los amarillos, naranjas y dorados de las caléndulas nacen de combinaciones de carotenoides, a veces con un toque de antocianina. Las hortensias producen flores de diferentes colores usando el mismo pigmento de antocianina, cuya tonalidad se modifica por la acción de iones de aluminio, que solo están disponibles en suelos ácidos. Por eso florecen azules en suelos ácidos, pero en rosa o rojo en suelos alcalinos. Según el clima y las condiciones de cultivo, las hortensias pueden generar flores de distintos colores.

No todas las flores son vistosas. Las que lo son, lo hacen para atraer a los polinizadores, entre ellos los insectos, como abejas y mariposas, o aves nectarívoras como colibríes, suimangas y mieleros. Con el tiempo, ha surgido una auténtica danza de adaptaciones: los animales han evolucionado para ver mejor las flores ricas en néctar y las plantas han adaptado sus colores para volverse más atractivas ante sus polinizadores. Algunas flores incluso presentan colores ultravioleta, que nosotros no podemos ver, pero que sus polinizadores sí detectan (*véase* página 123).

PÁGINA SIGUIENTE Flores silvestres desplegando su deslumbrante abanico de pigmentos.

PÁGINAS 56-57 Campo de lavanda al atardecer. Este es un espectáculo inusual de la naturaleza, pero refleja el deseo humano de intensificar esa sensación que producen los colores de las flores. En este caso, también las sensaciones del olfato.

COLOR ESTRUCTURAL

Cuando las partículas de luz (fotones) interactúan con estructuras diminutas y organizadas dentro de los organismos, se generan fenómenos de interferencia que refuerzan o cancelan ciertas longitudes de onda. En muchos seres vivos, esto da lugar a colores estructurales brillantes.

Una afirmación muy repetida es que «los pájaros azules no son azules» y, a continuación, el autor explicará que su color es una ilusión óptica; pero también podría decir que los jilgueros no son dorados o que las tangaras no son escarlata, sino que ¡también son ilusiones ópticas! No obstante, la diferencia está en que los colores rojos o dorados se deben a pigmentos orgánicos complejos, mientras que los tonos azules suelen tener un origen estructural.

Los colores estructurales se producen cuando la luz se encuentra con estructuras finas y repetidas que modifican constantemente la velocidad a la que viaja la luz a través del material.

Algunos colores comunes se originan por dispersión de la luz. En este proceso, los fotones entrantes son desviados al interactuar con partículas minúsculas. Dicho fenómeno explica por qué el cielo es azul y las nubes son blancas, pues en el cielo, las moléculas de gas que dispersan la luz son mucho más pequeñas que las gotitas de agua de las nubes.

Sin embargo, las nanoestructuras pintorescas de los seres vivos dispersan la luz de un modo distinto al de la atmósfera. Esta dispersión suele ser coherente, lo que significa que las ondas de luz reflejadas están sincronizadas entre sí. Un ejemplo lo encontramos en cómo las capas finas de ciertos materiales modifican la velocidad de propagación de la luz. Cuando estas capas son muy regulares, producen reflejos iridiscentes, cuyos colores aparentes cambian según el ángulo de visión. Tanto plantas como animales producen colores iridiscentes, que suelen ser llamativos y brillantes.

Estas capas delgadas son un tipo de cristal fotónico, un término que suena a ciencia ficción, pero que simplemente se refiere a estructuras de geometría regular a escala nanométrica. La escala de estas estructuras y las propiedades ópticas de sus componentes determinan qué longitudes de onda son reflejadas o transmitidas. Las capas apiladas solo afectan a la luz que incide de forma

Colibrí morado (*Campylopterus hemileucurus*), que obtiene ese color iridiscente gracias a los cristales fotónicos.

COLORES ESTRUCTURALES
EN LAS ALAS DE LAS MARIPOSAS

Micrografía electrónica de barrido de los cristales fotónicos
que hay en un ala de mariposa.

Diagramas explicativos de cristales fotónicos unidimensionales,
bidimensionales y tridimensionales, donde los distintos colores indican
que hay materiales con dos índices de refracción.

perpendicular sobre la superficie, ya que esta pasa de una capa a otra; por ello, se consideran cristales fotónicos unidimensionales. Asimismo, existen cristales fotónicos bidimensionales y tridimensionales. La mayor parte de los cristales fotónicos de la naturaleza son producidos por organismos vivos, aunque algunos minerales, como el ópalo, también los contienen.

Siempre que se observe un azul brillante en un ser vivo, un destello iridiscente o un brillo metálico intenso, es muy probable que los responsables sean estos cristales fotónicos.

Colores estructurales en aves e insectos

Los sistemas biológicos suelen presentar estructuras cuya compleja geometría es necesaria para generar colores estructurales. Algunas de estas estructuras pueden incluso fosilizarse, lo que posibilita la conservación de los colores originales de criaturas marinas y dinosaurios extinguidos hace millones de años. Ahora, los colores estructurales los emplean de forma evidente las aves, insectos y una infinidad de organismos.

Los pájaros azules constituyen el ejemplo clásico. A medida que desarrollan las plumas, sus células forman filamentos de queratina. Las plumas maduras y secas contienen una mezcla esponjosa de queratina y burbujas de aire con dimensiones precisas que dispersan la luz azul. Debido a que la queratina y el aire están organizados en un patrón algo desordenado, denominado «cuasiordenado», el color se dispersa de manera similar en todas las direcciones. Una capa de melanina situada bajo la queratina garantiza la pureza del azul de los pájaros.

Algunos caballitos del diablo también emplean agrupaciones cuasiordenadas de partículas en su epidermis para dispersar de forma coherente tonos azulados o verdosos de aspecto pulverulento. Otros llevan esto aún más lejos y desarrollan multicapas fotónicas en la cutícula, su recubrimiento más externo, que reflejan el azul, verde o dorado iridiscentes. Dichos colores resultan deslumbrantes cuando se observan desde el ángulo adecuado. Las mariposas también son especialistas en producir iridiscencia y con frecuencia desarrollan estructuras fotónicas para lograr colores impactantes. Un ejemplo famoso es la mariposa morfo azul, cuyas alas están recubiertas de escamas fotónicas moldeadas. Las crestas de estas escamas, al observarlas desde una sección transversal con un microscopio electrónico, tienen una forma que recuerda a los árboles de Navidad. Esta estructura refleja un destello azul intenso en una sola dirección, que brilla cuando la mariposa agita sus alas. La señal es visible a cientos de metros de distancia, lo que la convierte en un mecanismo visual importante para estas mariposas y, hoy en día, también para el ámbito médico (*véase* página 262).

Los colibríes dominan el arte de la iridiscencia. Los colores de la garganta (o gorguera) del macho son conocidos por ese brillo, similar al de las joyas y visible solo desde ciertos ángulos. La mayoría de las plumas de los colibríes contienen cristales fotónicos basados en capas planas y huecas. Las hembras verdes tienen plumas iridiscentes que resplandecen al sol.

Las estructuras responsables de la iridiscencia se encuentran en todo tipo de seres vivos, desde poliquetos, arañas, escarabajos, abejas, calamares, peces, hasta muchas otras especies de animales y plantas. Los animales las utilizan con frecuencia para emitir señales brillantes, altamente direccionales y de colores nítidos, que pueden orientarse al espectador deseado.

PÁGINA SIGUIENTE Perspectiva de la parte trasera de un mandril macho (*Mandrillus sphynx*), en la que se aprecian sus testículos de color azul, generados por la dispersión coherente de la luz.

Colores estructurales en primates

Difícil de olvidar en un safari africano es ver a un cercopiteco verde macho. Frente a su pelaje gris, están sus testículos azules. ¿Cómo es posible?

A fin de cuentas, los mamíferos no se caracterizan por ser coloridos. Las rayas amarillas de los tigres o el pelaje rojizo de los zorros se camuflan con la vegetación cuando los observan sus presas. Sin embargo, entre los primates encontramos tamarinos dorados, orangutanes cobrizos, monos aulladores rojos, macacos con la cara sonrosada y uacarís calvos con rostros de un rojo intenso. Las manchas rojizas de la piel se deben a un copioso riego sanguíneo, mientras que los tonos dorados o rojizos del pelaje suelen provenir de depósitos de feomelanina, el mismo pigmento que produce el pelirrojo en los humanos.

Asimismo, existen primates con zonas azules en la piel, como los machos de cercopiteco verde, mandril y langur chato dorado. Ningún mamífero fuera de los primates muestra una pigmentación azul pura; incluso las ballenas azules son, en realidad, azul grisáceo. Algunos ñus y tigres malteses tienen pelos finos que reflejan un leve brillo azulado, posiblemente debido a una débil difracción de luz azul. Resulta irónico que el mono azul, o cercopiteco de diadema, solo adquiera un tono azulado bajo ciertas luces, quizá por el mismo fenómeno.

Al igual que en los pájaros azules, en los primates este color es estructural. El mecanismo es similar al de las plumas de estos pájaros, o sea, matrices

SUPERIOR La cara azul de un mandril macho (*Mandrillus sphinx*). Esa tonalidad es un color estructural producido por dispersión coherente.

PÁGINA ANTERIOR
El casuario común macho (*Casuarius casuarius*) anuncia su presencia en las selvas tropicales australianas gracias a los contrastes de color de su cabeza. El azul proviene de un mecanismo de dispersión estructural similar al del mandril.

cuasiordenadas de tejido. En el caso de los primates, esta matriz se forma por fibras de colágeno dispuestas en paralelo en la dermis. Esta estructura dispersa la luz azul de forma coherente y, como no se trata de un cristal fotónico real, sino más bien desordenado, el color no es iridiscente, así que se percibe igual desde cualquier ángulo. Solo podemos suponer por qué ocurre este fenómeno, pero todo apunta a que actúa como una señal sexual en los mandriles, quienes muestran manchas azules en la cara y el trasero. Lo mismo puede ocurrir con los cercopitecos verdes. En cambio, en los langures chatos dorados parece ser una característica de la especie.

Los primates poseen la mejor visión cromática entre los mamíferos, lo que explicaría su frecuente uso de colores vivos como señales. Nuestra propia visión de primates nos ayuda a percibir estos colores.

FLUORESCENCIA

Para los ojos humanos, la fluorescencia puede parecer
que un material brille, pero el color perceptible no siempre
es el esperado y, en cualquier caso, nunca resulta tan intenso.

Excepto en algunas conversiones raras, así como espectaculares, entre energía
y materia, la energía se transforma en otras formas de energía. En el caso
de los pigmentos, esto implica que toda la luz absorbida por la superficie de
un organismo pigmentado se convierta en distintas formas de energía.

Cuando la luz es muy intensa, como la de un láser, parte de esa energía
puede transformarse en sonido, haciendo vibrar el tejido como una campana.
Sin embargo, lo habitual es que la luz se transmute en calor. Por esta razón,
las camisas y los coches negros se calientan al sol, mientras que los móviles
pueden apagarse por exceso de calor. Pero en ciertos casos, parte de la energía
lumínica absorbida por un pigmento se reemite en forma de luz. Si esa
emisión ocurre poco a poco y persiste varios minutos tras apagarse la fuente
original, se denomina fosforescencia. Este fenómeno permite que brillen en la
oscuridad elementos como la aguja de un reloj, las estrellas adhesivas pegadas
en el techo de las habitaciones de un niño o ciertos hongos espeluznantes
que brillan en la oscuridad del bosque (*véase* página 155).

La fluorescencia es un fenómeno que se produce cuando parte de la
luz absorbida se vuelve a emitir, pero solo mientras esa luz original continúa
presente. Este proceso tiene varias propiedades específicas. Por un lado, como
solo se reemite una parte de la energía de la luz incidente (la excitación), la
luz fluorescente únicamente puede contener colores (o longitudes de onda)
con menos energía. Por ende, siempre aparece desplazada hacia el extremo
más rojo del espectro que la luz de excitación. Por lo general, el cambio
corresponde a un color, de modo que la luz UV suele generar fluorescencia
azul, la azul produce verde y la verde conduce al rojo. Ahora bien, a menudo
la diferencia es mucho mayor. Además, la fluorescencia no se considera un
proceso muy «eficiente», porque, en general, es mucho más tenue que la luz
de excitación, a menudo entre 50 y 100 veces menos intensa. Por esta razón,
suele percibirse solo si se bloquea la luz original con un filtro y, cuando esto
ocurre, da la impresión de que la sustancia emite luz propia, algo que puede
resultar muy bonito.

Minerales fluorescentes en un túnel iluminado con luz ultravioleta: esfalerita amarilla, calcita roja e hidrocincita blanca. Fotografía tomada en la mina Copper Queen, Bisbee, Arizona.

Los hallazgos de la fluorescencia

Los avances más recientes en técnicas de imagen fluorescente, que consisten en proyectar una luz ultravioleta o azul intensa sobre un objeto y, al mismo tiempo, bloquear esa luz para que el ojo no la perciba, han demostrado que la fluorescencia es un fenómeno muy común en la naturaleza. Se observa en numerosos minerales, especialmente en la fluorita, cuyo nombre proviene de su marcada y hermosa fluorescencia bajo luz UV. La fluorescencia de este mineral suele ser de un azul intenso, pero puede presentar casi todos los colores del arcoíris, según las impurezas. En muchas secciones de geología de museos hay exhibiciones de rocas fluorescentes que brillan al pulsar un botón que activa una luz UV o azul.

El descubrimiento de la fluorescencia en los tejidos biológicos es reciente y se ha comprobado que es común donde hay pigmentos, ya que estos absorben luz, el primer paso para originar la fluorescencia. Ciertas moléculas biológicas muy comunes e importantes presentan este fenómeno. Por ejemplo, la queratina, presente en el cabello, las uñas y partes de la piel, emite fluorescencia verde, mientras que la clorofila, que está en casi todas las plantas y en muchos otros organismos, emite rojo fluorescente. De hecho, casi todos los grandes grupos de animales y plantas poseen pigmentos fluorescentes. Los escorpiones emiten una intensa luz verde azulada al exponerse a luz UV, lo cual ha servido para encontrarlos de noche, aunque con casi total certeza no les resulta útil a ellos. La naturaleza tan extendida de la fluorescencia ha generado gran interés científico y ha llevado a plantear que tendría una finalidad visual.

Ahora bien, conviene ser cautos al atribuir una función a un caso concreto de fluorescencia. Como se ha mencionado, la fluorescencia suele ser débil y, además, depende de la excitación de ciertas zonas del espectro solar que, para empezar, no son especialmente intensas, como la radiación ultravioleta. Por estos motivos, este fenómeno resulta mucho más difícil de apreciar en condiciones de luz natural que en un entorno controlado de laboratorio o durante la noche, donde se pueden utilizar fuentes de excitación potentes y filtros que potencian el efecto. El resplandor de los escorpiones es un buen ejemplo, ya que si están bajo lámparas ultravioleta por la noche, resulta muy llamativo, pero durante el día ni siquiera se percibe, puesto que, aunque haya más luz UV, la fluorescencia azul queda totalmente eclipsada por la luz azul natural del día.

2 ¿Cómo perciben los animales el color?

INTRODUCCIÓN

Sería posible escribir un libro sobre los colores en la naturaleza sin hablar de los ojos ni de los sistemas ópticos de los animales. Sin embargo, este libro tiene como objetivo precisamente lo contrario: describir los colores tal como podrían verlos los propios animales y comparar así su percepción visual del mundo con nuestra propia experiencia del color. En este capítulo se profundiza en cómo perciben los colores distintas especies y se sigue cuestionando si también los «piensan» y «ven» de alguna manera.

Excepto algunos primates, es probable que algún otro animal vea el mundo como lo vemos nosotros. Incluso aquellos que, desde el punto de vista anatómico o estructural, parecen tener una capacidad de visión del color parecida suelen mostrar un comportamiento muy distinto respecto a los colores que captan. El daltonismo es un ejemplo evidente, pero hay muchos otros factores que también entran en juego.

La pregunta sobre qué ven otras especies se aborda con fotografías de animales y flores tomadas en el espectro ultravioleta (UV). Como no percibimos esas longitudes de onda, usamos cámaras especiales que permiten representar el contraste visual que proporciona esa luz. Naturalmente, los animales que pueden distinguir el UV no perciben una imagen en blanco y negro en la cabeza (*véase* página 123), sino que integran esa información en su propio sentido del color. Las aves, por ejemplo, a menudo la suman a su sistema de fotorreceptores rojo, verde y azul (RGB). En el caso de las abejas y otros insectos, en cambio, el UV sustituye al rojo.

En este capítulo se describen las diferencias que conocemos en los ojos de otros animales, desde el nivel molecular hasta su anatomía y estructuras internas. Asimismo, se analizan algunos de los comportamientos que estos sistemas ópticos podrían ayudar a coordinar.

No podemos afirmar con certeza que un animal vea mejor los colores que nosotros solo porque tenga más receptores visuales. Es más, puede que ni siquiera les preste atención de la misma forma que nosotros. Una vez percibido, el color adquiere una función, como puede ser la de indicar que la fruta ya está lista para comer o que es momento de echar a volar.

LOS OJOS DE LOS ANIMALES

Los ojos de varios animales, tanto vertebrados como invertebrados.
De todos ellos, solo la sepia carece de visión cromática.

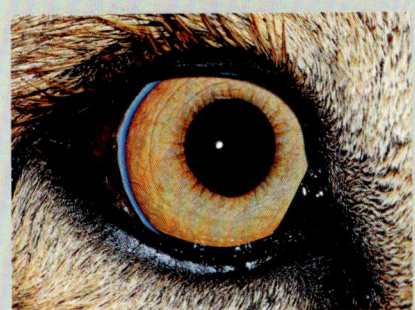

León (*Panthera leo*)

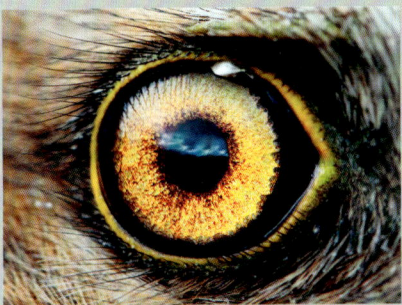

Aguilucho pálido (*Circus cyaneus*)

Botete estrellado (*Arothron stellatus*)

Crisópidos (*Chrysopid lacewing*)

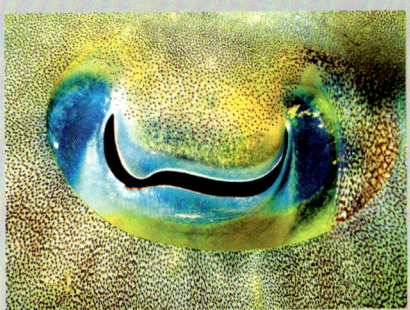

Sepia (*Sepia* sp.)

Geco Tokay (*Gekko gecko*)

LA ANATOMÍA DE LOS OJOS

La capacidad de detectar la luz surgió muy temprano en la evolución animal; ya en el Cámbrico, hace 500 millones de años, ya existían ojos complejos similares a los actuales.

Un ojo necesita fotorreceptores, células que generan pequeñas señales eléctricas cuando reciben luz, para funcionar. Además, estos fotorreceptores pueden estar en casi cualquier parte del cuerpo de un animal. En vertebrados no mamíferos se hallan en el cerebro, lo que ayuda a regular los ritmos circadianos; algunos peces, al iluminar los fotorreceptores de su piel, cambian de color o se mueven; algunas mariposas incluso tienen fotorreceptores en los genitales, que son cruciales para su éxito reproductivo. Sin embargo, esto es solo detección de luz, no visión real, porque esos fotorreceptores no forman parte de los ojos. La verdadera visión requiere un ojo que proyecte una imagen sobre un conjunto de fotorreceptores para que cada uno responda a colores y brillo de diferentes partes de la imagen.

En la mayoría de vertebrados, la luz que entra en el ojo se enfoca en la retina mediante un único cristalino y córnea. En la retina se encuentran los fotorreceptores, conocidos como bastones y conos. El ojo de los vertebrados se puede comparar con una cámara en la que una lente concentra la luz sobre una película o sobre un sensor digital que genera señales eléctricas cuando se ilumina. Cada píxel de ese sensor equivale a un fotorreceptor independiente. A pesar de que se trata de una estructura compleja, este tipo de ojos se denominan «simples» porque cuentan con un único sistema óptico.

Ciertos invertebrados, entre los que se encuentran arañas, pulpos y calamares, también tienen ojos simples. Por otra parte, los insectos y crustáceos poseen ojos compuestos formados por muchos omatidios individuales. Los fotorreceptores de las retinas de los invertebrados se desarrollan y estructuran de forma diferente a los vertebrados, y se llaman «rabdoma» (*véase* página 79).

Dentro de este esquema general, encontramos variaciones notables. Por ejemplo, los calamares gigantes pueden tener ojos de hasta 270 mm de diámetro, mientras que en muchos insectos pequeños los ojos no superan el milímetro. Aunque la mayoría de los animales tienen dos ojos, algunas especies como las arañas pueden tener hasta ocho. La mayoría de los ojos están incrustados en la cabeza, aunque algunos lo están sobre pedúnculos.

Rostro de una araña saltarina (*Saitis barbipes*). Los machos muestran el color facial y el patrón rojo y negro del tercer par de patas para cortejar a las hembras. Estas arañas tienen una excelente percepción del color y, detrás de sus grandes ojos frontales, poseen una retina lineal que funciona como un escáner, similar a la del camarón mantis.

SECCIÓN TRANSVERSAL SIMPLIFICADA DE UN OJO HUMANO

A excepción de unos pocos, los vertebrados comparten una estructura ocular parecida. En la parte posterior del ojo hay tres capas: una esclerótica protectora externa, una coroides vascular y una retina sensible a la luz. En la parte anterior, la córnea y el cristalino, que son transparentes, forman la imagen. La ilustración muestra las células de la retina: en la parte externa están los bastones (naranja) y conos (rojo, verde y azul), mientras que en la interna, las neuronas procesan la información para enviarla al cerebro a través del nervio óptico.

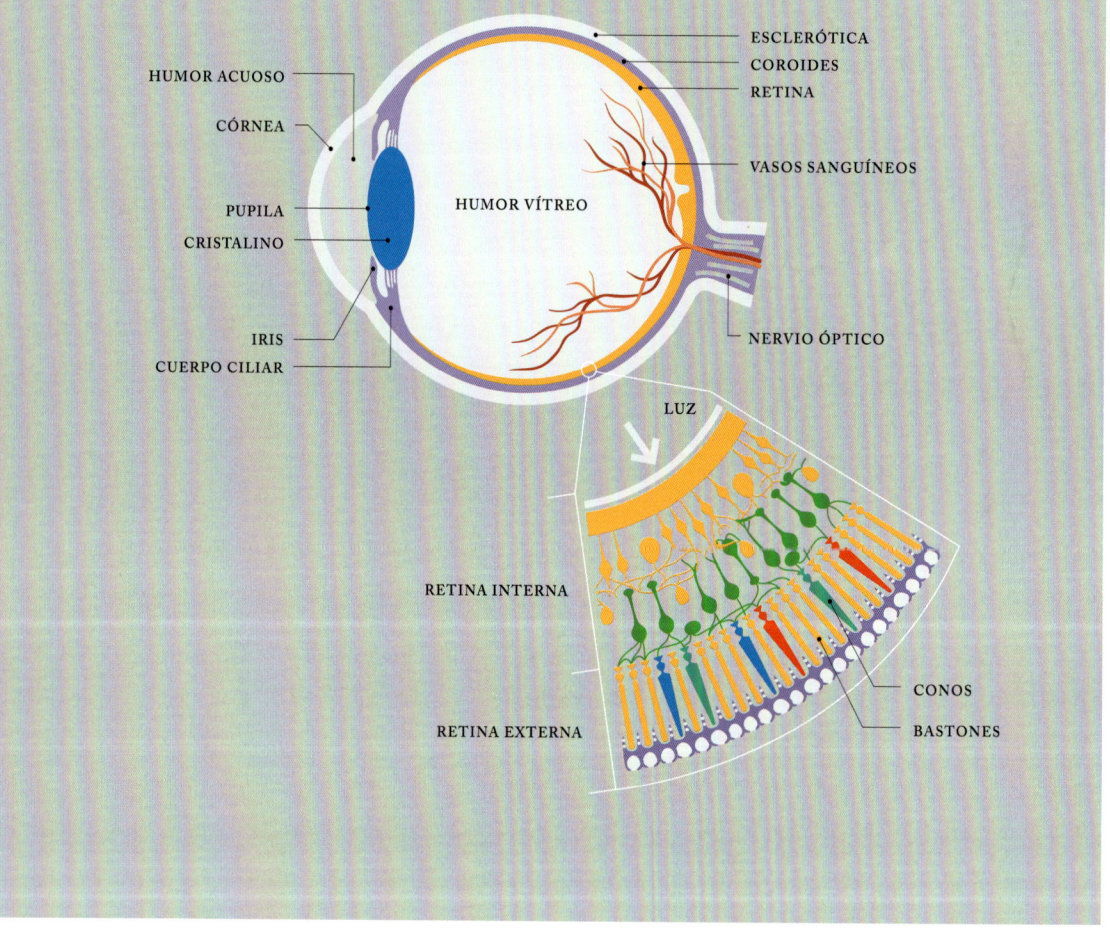

HUMOR ACUOSO

CÓRNEA

PUPILA

CRISTALINO

IRIS

CUERPO CILIAR

HUMOR VÍTREO

ESCLERÓTICA

COROIDES

RETINA

VASOS SANGUÍNEOS

NERVIO ÓPTICO

LUZ

RETINA INTERNA

RETINA EXTERNA

CONOS

BASTONES

Hay ojos que no son más que láminas de fotorreceptores, a menudo alojadas en pequeñas cavidades y sin sistema óptico, mientras que otros enfocan imágenes usando aperturas diminutas, como los nautilos, o espejos, como las vieiras, otros moluscos y ciertos peces de aguas profundas.

Los ojos de los vertebrados

Para comprenderlos, basta con seguir la trayectoria de la luz en el ojo humano, cuya estructura básica es casi idéntica a los ojos de los demás vertebrados.

El ojo está rodeado por una capa externa opaca, la esclerótica, que lo protege e impide que la luz entre desde una dirección errónea. En la parte frontal, esta se modifica para formar la córnea, una superficie transparente por donde penetra la luz. En los animales terrestres, la córnea aporta cerca de dos tercios del potencial de enfoque del ojo.

La luz atraviesa la cámara anterior del ojo, que está llena de un líquido transparente y nutritivo, el humor acuoso, y entra en la parte posterior por la pupila, una abertura regulada por el iris muscular. En la oscuridad, la pupila se dilata hasta adquirir una forma redonda y grande, pero en la mayoría de vertebrados se contrae al exponerse a la luz. Esta contracción puede mantener la forma redonda, como ocurre con los humanos, o adoptar formas tan variadas como rendijas, cuadrados o triángulos en otras especies.

El cristalino de los animales terrestres es relativamente plano y su función es enfocar con precisión la imagen a varias distancias de visión. En los mamíferos, este ajuste se logra con los músculos ciliares, que modifican la forma del cristalino. La córnea de los animales acuáticos es incapaz de aportar potencia al enfoque del ojo, de modo que el cristalino es más robusto y esférico. Así, el enfoque depende de la variación de su índice de refracción y de su posición en el ojo, igual que en una cámara de fotos.

Después de atravesar el cristalino, la luz recorre el humor acuoso, una sustancia gelatinosa, hasta la retina. Allí, estimula los fotorreceptores: bastones y conos. Los bastones, muy sensibles, se usan principalmente con baja iluminación, es decir, en visión escotópica. No suelen aportar información del color y perciben el mundo en blanco y negro. Los conos, por el contrario, permiten percibir el color, aunque, en la mayoría de los animales, solo funcionan con luz intensa. En los seres humanos existen tres tipos de conos, cada uno sensible a un rango de longitud de onda distinto: rojo, verde y azul.

Las señales eléctricas producidas por los fotorreceptores se procesan primero en las células nerviosas presentes en la retina y, finalmente, se transmiten al cerebro a través del nervio óptico, donde se realiza un análisis más detallado.

La anatomía del ojo compuesto

Nuestros ojos, los de otros vertebrados y los de algunos invertebrados, como las arañas, calamares o larvas de escarabajo, se consideran ojos simples. Un único cristalino y una sola abertura se encargan de enfocar y permitir el paso de la luz hasta la retina; muchos insectos, crustáceos y otros grupos de invertebrados poseen ojos compuestos.

Existen distintas formas de ojos compuestos, pero en esencia todos están formados por unidades individuales llamadas «omatidios». Cada uno consta de un cristalino diminuto; una faceta, por lo general hexagonal, que apreciamos en los ojos de moscas, abejas o gambas; un espacio que facilita el enfoque del cristalino; y un grupo de células alargadas llamadas «rabdomas», equivalentes a nuestros bastones y conos. Estas células contienen pigmentos visuales que absorben la luz, moléculas casi idénticas a las de los fotorreceptores de los vertebrados, que se describen con más detalle más adelante. En la base de cada rabdoma, hay una célula nerviosa secundaria que transmite la información visual al cerebro del invertebrado mediante impulsos eléctricos. Una vez más, este proceso se parece mucho al de los vertebrados, debido a que también incluye una etapa inicial de procesamiento justo después de los rabdomas, donde comienza la comparación entre sensibilidades espectrales y el inicio de la visión del color antes de que intervenga el cerebro central.

Los rabdomas captan la luz y, gracias a los pigmentos visuales, la transforman en señales eléctricas que se envían al cerebro. Al igual que los conos de los ojos de los vertebrados, pueden ser sensibles a diferentes rangos del espectro. En muchos insectos existen tres tipos de sensibilidad: UV, azul y verde. En el caso del camarón mantis, son 12 (*véase* página 85).

En algunos invertebrados, los rabdomas de un mismo omatidio pueden tener distintas sensibilidades espectrales y en otras partes del ojo estas sensibilidades también varían según la zona o región. Esto se aprecia con más claridad en la franja media de los ojos del camarón mantis, así como en el ojo de la mariposa, donde los omatidios orientados hacia el cielo detectan mejor la luz ultravioleta, mientras que los que miran hacia abajo son más sensibles al verde del follaje.

EL OJO COMPUESTO

Representación esquemática de una sección de un ojo compuesto genérico,
como los de muchos insectos y crustáceos. Cada unidad, u omatidio,
se encuentra bajo una faceta del cristalino y actúa como una estructura óptica
independiente que enfoca la luz hacia los rabdomas, equivalente funcional
a los bastones y conos en los ojos de los invertebrados (*véase* página anterior).

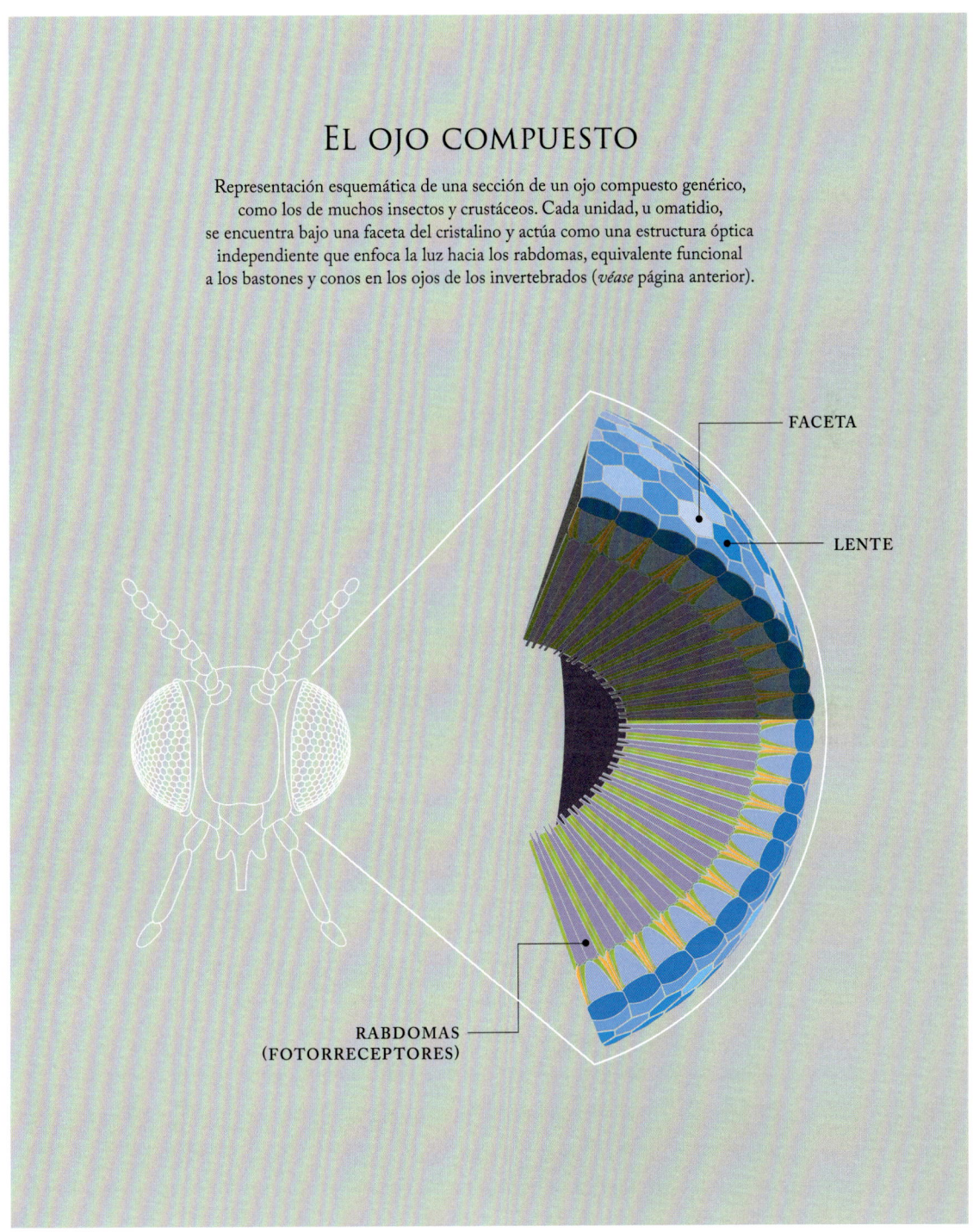

FACETA

LENTE

RABDOMAS
(FOTORRECEPTORES)

LOS ALBORES DE LA FOTORRECEPCIÓN

¿Cómo pasa la luz de la parte exterior del animal hasta el interior? Los ojos contienen sustancias químicas capaces de reaccionar a la luz.

La fotorrecepción, es decir, la capacidad de detectar la luz, surgió poco después de las primeras formas de vida oceánica. Al principio, la oscuridad no representaba una gran desventaja para la vida, porque lo prioritario era oler a posibles parejas, enemigos o alimento. Aún hoy, muchos animales dependen sobre todo de la capacidad del olfato y el gusto, mediante la quimiorrecepción, para obtener información sobre el entorno que los rodea. Sin embargo, a medida que los organismos se propagaban por aguas menos profundas, los quimiorreceptores primitivos evolucionaron hasta la aparición de la sensibilidad a la luz.

Mucho antes de que se formaran los ojos, surgieron células capaces de captar la luz gracias a proteínas que se combinaban con moléculas fotosensibles llamadas «cromóforos». Esta combinación podía absorber luz y convertirla en señal eléctrica mediante otras proteínas, en un proceso denominado «transducción visual», para producir una respuesta.

La habilidad de percibir la luz aportaba enormes beneficios, pues permitía comportamientos que mejoraban procesos vitales para la supervivencia. Así, los organismos podían moverse hacia la luz solar para potenciar la fotosíntesis, proceso de obtención de alimento a partir de la luz presente en algunas formas tempranas de vida animal. También podían evitar la exposición al sol y sus posibles efectos dañinos, especialmente la radiación ultravioleta, la parte más energética del espectro. Además, la luz viaja mucho más rápido que los olores en aire o agua, por lo que la visión facilitaba escapar de depredadores o capturar presas con mayor eficacia.

Una vez adquirida la sensibilidad a la luz, surgieron otras especializaciones. Las células sensibles formaron zonas con membranas donde se concentraba la combinación de proteína y cromóforo necesaria para captar la luz. Estas membranas, similares a placas apiladas, aún se encuentran en los bastones y conos de nuestros ojos. En cambio, los invertebrados construyeron sus fotorreceptores con tubos de membrana, dispuestos como paquetes de pajitas apiladas, formando los rabdomas.

Entre los componentes proteicos más comunes que se encuentran en todos los fotorreceptores animales están las opsinas. Al combinarse con la estructura cristalina de un cromóforo, se forma un pigmento visual. Cuando un fotón de luz

LA SENSIBILIDAD A LOS COLORES

Los pigmentos visuales sensibles a la luz se encuentran en los segmentos externos de los fotorreceptores. Están formados por la proteína opsina unida a una estructura cristalina derivada de la vitamina A, llamada cromóforo. Las distintas combinaciones de opsina y cromóforo determinan el pico de absorción de luz del pigmento.

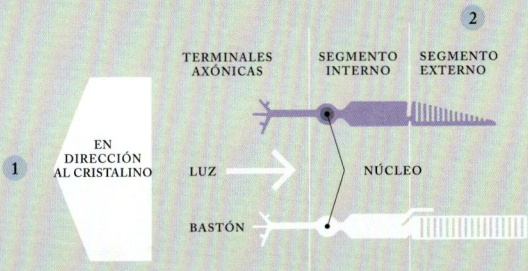

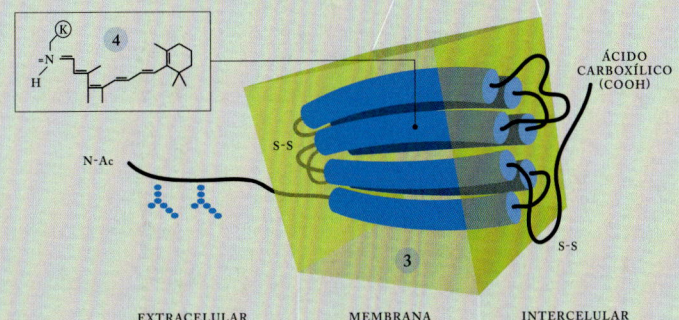

PROTEÍNA OPSINA Y CROMÓFORO

CAPTACIÓN DE LA LUZ

CURVA DE ABSORCIÓN DEL ESPECTRO DE LA LUZ

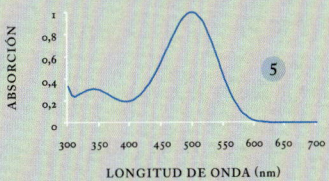

LONGITUD DE ONDA (nm)

1.
La luz entra en el ojo e impacta en los fotorreceptores invertidos, situados en la parte posterior de la retina.

2.
En los segmentos externos de estos fotorreceptores se hallan los pigmentos visuales que captan la luz.

3.
Cada pigmento está compuesto por una opsina anclada a la membrana y formada por siete dominios (como siete cartuchos de dinamita, con el extremo N-terminal hacia el exterior celular y el C-terminal hacia el interior), unida a una estructura cristalina derivada de la vitamina A: el cromóforo.

4.
Se destaca la estructura química del cromóforo, que cambia de forma al recibir luz, desencadenando el proceso visual.

5.
Las combinaciones de opsinas y cromóforos modifican el pico de absorción o la sensibilidad espectral del pigmento.

MÁS FOTORRECEPTORES IMPLICA MÁS INFORMACIÓN

De izquierda a derecha: la distinción de colores aumenta con la cantidad de receptores. La visión monocromática tiene un receptor verde; la dicromática, uno azul y uno verde; y la tricromática añade un receptor rojo.

Monocromática   Dicromática   Tricromática

impacta el cromóforo, este cambia de forma en un proceso reversible denominado «conformación cis y trans», y, de esta forma, comienza la fotosensibilidad.

Los animales emplean varios tipos de cromóforos para facilitar la absorción de la luz. En nuestros ojos, el cromóforo retinal deriva de la vitamina A, un nutriente esencial para la vida que se obtiene a partir de carotenoides, que están presentes, como indica su nombre, en verduras como las zanahorias y otros vegetales que a menudo son amarillos, naranjas o rojos. Como los animales no pueden fabricar carotenoides, deben obtenerlos mediante la alimentación. Por eso, la creencia de que la zanahoria mejora la vista tiene algo de verdad.

Muchos animales utilizan los carotenoides para producir pigmentos amarillos, naranjas o rojos, que dan color a sus plumas y otras partes del cuerpo.

Cómo distinguir los colores

Los animales que pueden percibir los colores poseen dos o más tipos de pigmentos visuales, como indican los términos dicrómata, tricrómata y tetracrómata. Cuando la luz incide sobre un pigmento visual, la cantidad de luz absorbida no es igual en todo el espectro; la absorción sigue un patrón en forma de campana, con un pico claro en el centro y curvas que disminuyen rápidamente hacia los lados (*véase* página 81).

La variedad de sensibilidades espectrales de los fotorreceptores observadas en la naturaleza está limitada por la química de las moléculas de los pigmentos visuales. Los límites para las sensibilidades máximas van desde el ultravioleta cercano, alrededor de 310 nm, hasta el rojo lejano, cerca de 620 nm, una zona del espectro justo antes del infrarrojo. La luz con longitudes de onda más cortas que estas se absorbe de manera diferente por la proteína, de modo que la energía no puede transmitirse como señales al cerebro. Las longitudes de onda más largas que el rojo lejano, hacia el IR, tienen energía insuficiente para activar los cromóforos e iniciar el proceso visual.

La sensibilidad en forma de campana de un pigmento visual en un fotorreceptor cubre muchas longitudes de onda. Sin embargo, para que se perciba el color se necesitan dos fotorreceptores con sensibilidades espectrales diferentes y, además, células nerviosas que se conecten a ambos para comparar el grado de excitación de la luz antes de enviar la señal fraccionada al cerebro.

La comparación de las excitaciones de los fotorreceptores es el primer paso para percibir el color. Por ejemplo, si un animal tiene un fotorreceptor con sensibilidad máxima a longitudes de onda cortas, dentro de la región azul del espectro (alrededor de 450 nm), y un segundo fotorreceptor más sensible a longitudes de onda largas, en la región amarilla (alrededor de 550 nm), al observar un objeto azul, el receptor sensible al azul absorberá más fotones y se estimulará más que el receptor sensible a longitudes largas, es decir, al amarillo. La proporción de excitaciones que llega al cerebro indica que es azul. Tener más de dos sensibilidades espectrales permite distinguir mejor los colores o, en algunos casos, como en mariposas y camarones mantis, desarrollar una forma distinta de percepción del color (*véase* página 110).

LOS PILARES DE LA VISIÓN CROMÁTICA

El color está en el ojo de quien lo mira. La visión cromática depende tanto del sistema óptico que percibe el objeto como de la señal que recibe el cerebro.

A pesar de que es una experiencia subjetiva, lo que humanos y animales perciben como colores en la naturaleza se origina en fenómenos como la absorción, la emisión, la dispersión, la transmitancia o la reflexión de la luz (*véase* página 44). Un objeto con color siempre está dentro de un entorno lumínico específico, donde la gama de longitudes de onda disponibles puede variar o estar limitada. Exceptuando algunos procesos químicos, la bioluminiscencia y el fuego, la luz en la Tierra procede del Sol. Este emite un amplio espectro electromagnético definido por la longitud de onda, que va desde los rayos X cortos hasta las microondas y ondas de radio mucho más largas. Dentro de este rango se encuentra la luz visible, que los animales pueden detectar, desde el ultravioleta hasta el rojo lejano, cerca de 300 y 750 nanómetros.

Todos los ojos contienen pigmentos químicos visuales que absorben la luz y comienzan el proceso de enviar señales hacia el cerebro a través del nervio óptico. El diagrama adjunto muestra ejemplos de la sensibilidad espectral general y los máximos específicos determinados por los pigmentos visuales de una variedad de animales. Por ejemplo, los humanos pueden distinguir luz entre 400 y 700 nanómetros, con máximos de sensibilidad en las células cónicas alrededor de 420, 530 y 559 nm, que conforman nuestro sistema RGB. Las abejas también presentan tres sensibilidades, pero en un rango diferente, que va de 300 a 650 nm, con picos en 344, 436 y 544 nm.

Lo que entra en el ojo y es absorbido por estos pigmentos visuales es el resultado de las longitudes de onda de la luz reflejada, transmitida o emitida por un objeto, generalmente como respuesta a la luz que lo ilumina. A la luz del día en tierra firme, suele estar disponible un espectro completo para la visión, aproximadamente entre 300 y 750 nm. Por el contrario, a más de 200 m de profundidad en océanos cristalinos, la luz se restringe casi en exclusiva al azul intenso, centrado alrededor de los 475 nm, por lo que los objetos rojos o ultravioleta aparecen prácticamente negros, sin reflejar luz alguna.

Incluso en las aguas más transparentes, ya sea en medio del océano o cerca de los polos, la luz solar no penetra más allá de los 1000 m. Por ello, puede resultar sorprendente que muchos animales que viven a esas profundidades, como ciertas gambas y peces de aguas profundas, sigan teniendo ojos. En realidad, a esas profundidades algunos animales producen su propia luz mediante bioluminiscencia.

Sin embargo, muchos animales nocturnos y de aguas profundas carecen totalmente de visión cromática. Cuando la luz es muy escasa, comparar la respuesta de distintos fotorreceptores puede ser complicado, por lo que centrarse en lograr la máxima sensibilidad posible dentro de una región específica del espectro suele ser una estrategia más eficaz.

SENSIBILIDAD ESPECTRAL (DEL COLOR) EN DISTINTOS ANIMALES

El gráfico muestra el rango de sensibilidad espectral, representado por barras gris claro entre 300 y 800 nm, y los picos de sensibilidad, indicados por triángulos negros, de pigmentos fotorreceptores de siete animales diferentes. Los crotalinos detectan calor desde el rojo lejano, por encima de 800 nm, gracias a sus fosetas faciales en vez de con los ojos y, aun así, localizan a sus presas. Los colores por debajo de 400 nm y por encima de 700 nm no pueden representarse porque los humanos no los perciben ni nombran.

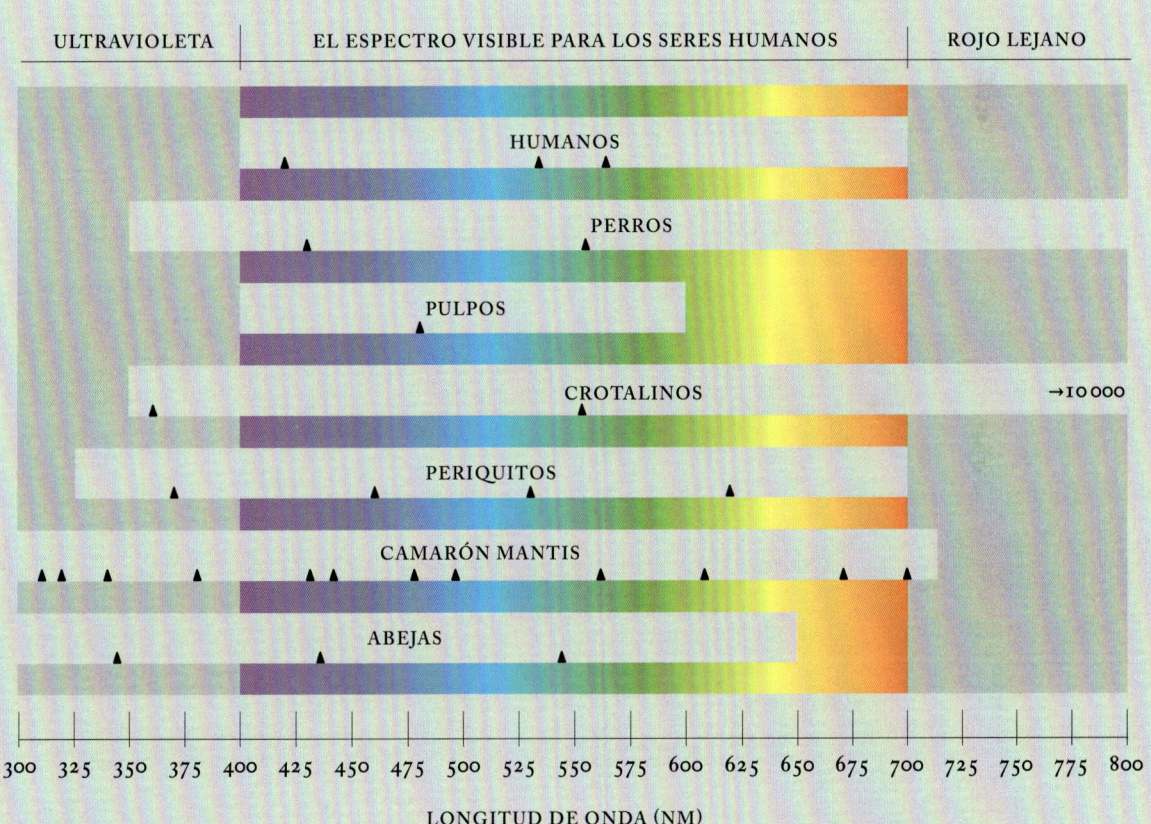

LA DIVERSIDAD EN LA VISIÓN CROMÁTICA

Nuestro mundo está lleno de colores y los animales también los perciben e interpretan de formas distintas. La evolución ha influido en ello, pero en algunos casos los cambios se producen durante su vida.

El antepasado común de todos los vertebrados contaba con cinco tipos distintos de opsinas que permitían formar pigmentos visuales sensibles a la luz en distintas partes del espectro, como el ultravioleta, el azul, el verde y el rojo, además de uno para la visión nocturna. En la mayoría de vertebrados actuales, los conos utilizan entre dos y cuatro de estas proteínas, mientras que un bastón contiene la quinta, que produce un pigmento visual denominado rodopsina.

Gracias a la variedad de pigmentos en los conos, estos fotorreceptores permiten la percepción del color durante el día. Los bastones se usan para ver al anochecer, al amanecer o por la noche, cuando es más importante la sensibilidad a la luz que la percepción del color. Esto se debe a la forma alargada de la célula y a las propiedades químicas de la rodopsina, que hacen a este tipo de fotorreceptor muy sensible. La sensibilidad de los bastones varía entre especies; en búhos, puede ser hasta cien veces mayor que en humanos. Gracias a los bastones, sufrimos la ceguera momentánea al encender la luz por la noche. El sistema tarda en adaptarse al cambio del uso de los conos en luz al de los bastones en oscuridad, y un cambio brusco desconcierta al ojo.

Volviendo a las cinco opsinas primitivas de nuestro antepasado, a medida que los vertebrados evolucionaron y se dispersaron por distintos hábitats, sus pigmentos visuales también se alteraron. En algunos casos, como ocurre en muchos peces, el número de opsinas aumentó con el tiempo para desempeñar funciones específicas de esa especie; en otros, como en mamíferos, se han perdido uno o más tipos. Hace millones de años, cuando el antepasado de los mamíferos actuales se ocultaba para evitar a los dinosaurios, que dominaban la Tierra, prefería actuar de noche para encontrar presas y evadir depredadores, lo que causó la pérdida de las opsinas verde y azul de los conos. Las diferencias en la luz ambiental, ecología y comportamiento de cada especie han determinado las diversas capacidades de visión del color en los vertebrados actuales.

LOS FOTORRECEPTORES DE LOS VERTEBRADOS: BASTONES Y CONOS

Microscopía electrónica de barrido (SEM) en color de los bastones (azul)
y los conos (rojo), las células fotosensibles de la retina humana. Los bastones ayudan
a ver con poca luz, mientras que los conos hacen posible la percepción del color.

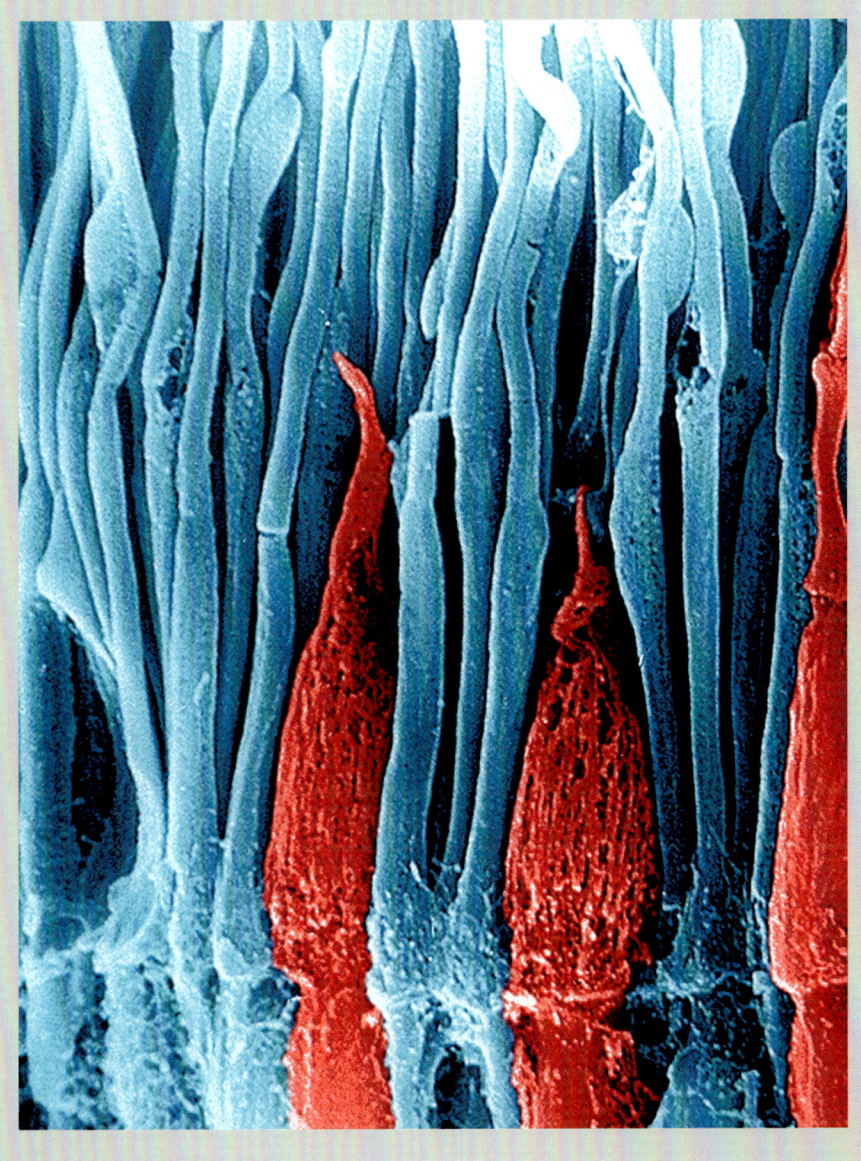

Evolución y diversidad de los fotorreceptores entre los vertebrados

El antepasado de los vertebrados ya tenía cinco tipos de fotorreceptores sensibles a longitudes de onda del ultravioleta al rojo. Los vertebrados actuales conservan diferentes subconjuntos de este sistema original y, en ocasiones, versiones ampliadas. Los vertebrados sin mandíbula poseen pigmentos de opsina en forma de bastón que sirven para lograr una alta sensibilidad, aunque los bastones aparecieron después. El sombreado blanco en la filogenia muestra la expansión y reducción del número de especies a lo largo del tiempo.

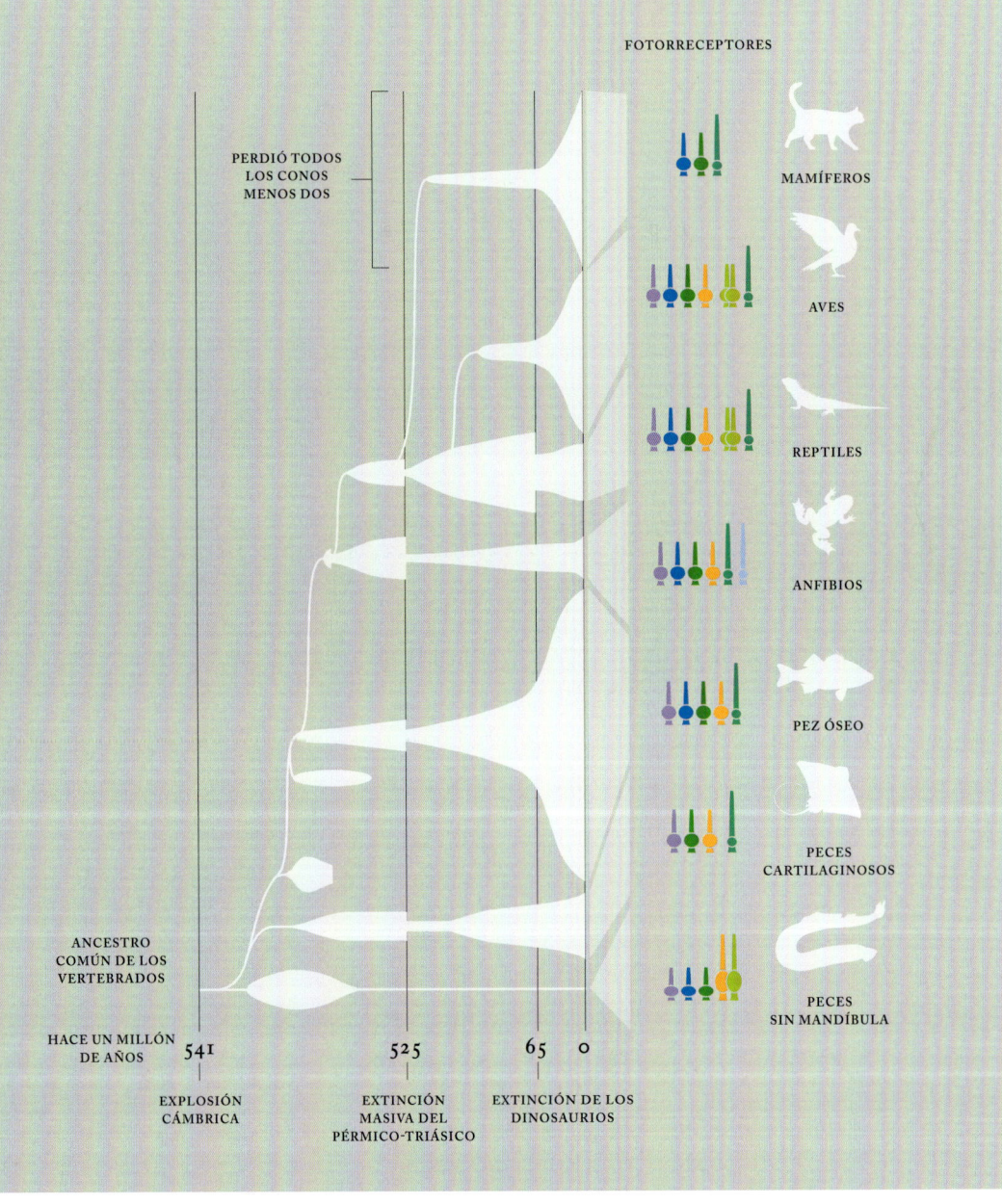

FOTORRECEPTORES

PERDIÓ TODOS LOS CONOS MENOS DOS

MAMÍFEROS

AVES

REPTILES

ANFIBIOS

PEZ ÓSEO

PECES CARTILAGINOSOS

ANCESTRO COMÚN DE LOS VERTEBRADOS

PECES SIN MANDÍBULA

HACE UN MILLÓN DE AÑOS — 541 — 525 — 65 — 0

EXPLOSIÓN CÁMBRICA

EXTINCIÓN MASIVA DEL PÉRMICO-TRIÁSICO

EXTINCIÓN DE LOS DINOSAURIOS

Cómo evolucionó la percepción de los colores

La evolución del color y la visión cromática en los vertebrados terrestres es una historia plagada de giros. Las aves, descendientes de los dinosaurios, encabezan la lista en cuanto al uso del color para comunicarse y camuflarse. Como la mayoría duerme por la noche, sus colores y capacidad para verlos han evolucionado al experimentar todos los colores terrestres a plena luz del día. Esto incluye los brillos metálicos de las aves del paraíso, las plumas llamativas de la cabeza de los loros y la exuberancia de los flamencos. Casi todas las aves, salvo las nocturnas o las antárticas, son tetracrómatas, es decir, utilizan cuatro tipos de fotorreceptores para distinguir colores: tres dentro del rango visible para los humanos (400-700 nm) y uno adicional que detecta el UV o el violeta. En muchos aspectos, esta visión cromática es casi perfecta, al menos para la vida de la Tierra, donde existe una gran variedad de colores.

En comparación con las aves, los mamíferos son bastante apagados, tanto en su coloración como en su visión cromática. Sus ancestros nocturnos perdieron las opsinas sensibles al azul y al verde, por lo que la mayoría de los mamíferos actuales solo perciben dos colores (*véase* página 82). Los mamíferos marinos, como las ballenas, perdieron más genes de opsina, quizá debido a su entorno azul y monocromático. Los simios, los humanos y algunos monos del Nuevo Mundo añadieron otra opsina más tarde, recuperando así la visión tricromática.

Un caso interesante de evolución de la visión cromática se observa en los gecos y algunas serpientes. Los gecos mantuvieron una continuada vida diurna, activos durante el día y dormidos por la noche, durante su historia evolutiva; quizás porque eran pequeños y bastante inteligentes como para escapar de los depredadores. A diferencia de los mamíferos, perdieron los bastones y el pigmento rodopsina, altamente sensible, pero conservaron las opsinas de los conos. El geco casero común ha desarrollado visión nocturna gracias a unos conos modificados que funcionan como bastones. Algunos gecos pueden ver colores por la noche, pese a la escasa iluminación disponible.

En el caso de las ranas, quizá por su historia evolutiva, parte de su visión cromática depende de dos fotorreceptores con forma de bastón pero diferente sensibilidad: uno es un bastón verdadero con pigmento sensible al verde y el otro, aunque tiene forma de bastón, actúa como un cono sensible al azul.

PÁGINAS 90-91 Los gecos leopardo asiáticos (*Eublepharis macularius*) han recuperado la visión nocturna transformando células que antes eran sensibles a luz intensa en células adaptadas a condiciones tenues. Durante el día, una pupila en forma de hendidura regula la entrada de luz.

Cambios de la visión cromática a lo largo de la vida

Muchos animales perciben los colores de forma distinta a lo largo de su vida. Por ejemplo, la mayoría de los peces de arrecife comienzan como larvas en mar abierto, donde dependen de la visión ultravioleta para alimentarse de zooplancton. Más adelante, al migrar hacia el arrecife para asentarse y transformarse en los adultos coloridos que conocemos, su visión se adapta según el hábitat y la ecología. Algunos conservan la sensibilidad a los rayos UV con la que nacieron y otros no. Los peces de arrecife nocturnos poseen una visión del color limitada y dicromática, ya que el color es menos relevante en la oscuridad. En contraste, los peces diurnos del arrecife muestran una gran variedad de capacidades visuales. Los depredadores más grandes también son dicrómatas, distinguiendo solo los azules y verdes, mientras que muchas especies más pequeñas pueden ser tricrómatas o tetracrómatas, capaces de ver colores desde el ultravioleta hasta el rojo (*véase* página 85).

En última instancia, el entorno lumínico marca los límites de la percepción del color en los animales, aunque tanto la luz como la sensibilidad visual pueden cambiar de forma reversible. Por ejemplo, la luz UV y la roja se filtran con la profundidad, lo que supone que peces de una misma especie pueden ver esas longitudes de onda cerca de la superficie, pero no en aguas más profundas. Las hembras coloridas de cíclidos del lago Victoria, en África, utilizan un pigmento visual que mejora su capacidad de captar el rojo, a diferencia de las hembras que habitan a mayor profundidad. Este cambio en la sensibilidad visual coincide con diferencias en la coloración de los machos: los que habitan aguas someras tienden a ser más rojizos, y los que viven en profundidad, azulados.

Las condiciones lumínicas bajo el agua pueden variar incluso en lapsos breves de tiempo, como entre estaciones o durante migraciones entre hábitats. El salmón es un buen ejemplo, puesto que, en invierno, el agua más clara por la baja presencia de nutrientes permite que penetre un espectro más amplio de luz. En verano, el aumento de nutrientes y el crecimiento de algas enturbian el agua y desplazan el espectro hacia longitudes de onda más largas, en la zona verde-roja. Muchas especies de peces pueden ajustar los colores que perciben a lo largo de su vida, seleccionando distintos pigmentos visuales que utilizan para adaptarse a las condiciones cambiantes de la luz del entorno.

PÁGINAS 94-95 Flamencos comunes (*Phoenicopterus ruber*) en la laguna de Celestún, Yucatán, México. El color de las plumas de los flamencos se intensifica con la edad, conforme se alimentan de algas lacustres y camarones ricos en carotenoides, que su cuerpo metaboliza en pigmentos para las plumas.

COLORES DE LOS CÍCLIDOS
EN UN LAGO CRISTALINO

Cíclidos *mbunas* del lago Malawi, en África oriental. Este grupo de peces es uno
de los más rápidos en diversificarse, con cada especie desarrollando colores
y pigmentos visuales que se ajustan a su forma particular de vida.

LA VISIÓN CROMÁTICA HUMANA: DE LOS CONOS A CONCEPTOS

La mayoría de las personas son tricrómatas, es decir, sus ojos poseen tres tipos de fotorreceptores para percibir el color, los llamados conos rojo, verde y azul.

Nuestros conos, sensibles al sistema RGB, responden a longitudes de onda larga, media y corta, respectivamente, razón por la cual se denominan conos L, M y S. Un ojo humano típico alberga unos 5 millones de conos independientes, la mayoría concentrados en la fóvea, una pequeña depresión central de la retina donde la visión es más precisa, con hasta 200 000 conos por milímetro cuadrado.

El trío de conos L, M y S codifica la cantidad relativa de luz en tres regiones del espectro, pero este código requiere un refinamiento adicional. Como las longitudes de onda que excitan los conos L y M se superponen, la diferencia entre sus respuestas, aunque pequeña, es crucial. Esta distinción se extrae en una segunda etapa del procesamiento cromático, conocida como «procesos opuestos».

Tanto en los humanos como en otros primates, esta segunda etapa produce tres canales: uno compara las señales de los conos L y M, otro contrasta la señal del cono S con la combinación de los conos L y M, y un tercero suma la actividad de todos los conos. Estos canales suelen denominarse rojo-verde, azul-amarillo y blanco-negro, aunque no se corresponden directamente con los colores rojo, verde, azul y amarillo tal como los percibimos.

La retina puede imaginarse como un ordenador especializado en resumir y organizar el flujo cambiante de luz que recibe. Toda esta información visual la recoge y transmite el nervio óptico, que funciona como una vía de salida hacia el cerebro, donde primero llega al tálamo y luego continúa hasta la corteza visual, ubicada en la parte posterior de la cabeza.

A pesar de los cálculos complejos que realiza la retina, cuando la información llega a la corteza visual, todavía no se ha producido el color. En los humanos, este surge en la conciencia, o sea, en las regiones superiores del cerebro que reciben las señales de la corteza visual. Allí, los canales rojo-verde, azul-amarillo y blanco-negro se transforman en atributos perceptivos como

CÓMO SE CONCIBE EL COLOR

La percepción del color de los humanos comienza en la retina, donde se comparan las respuestas de los tres tipos de conos en una misma zona de la imagen. Las señales de los canales azul-amarillo, rojo-verde y blanco-negro se procesan luego en áreas superiores del cerebro, donde finalmente los colores se interpretan como categorías (azul, verde, naranja, rosa, etc.). Aquí se muestra solo un esquema general.

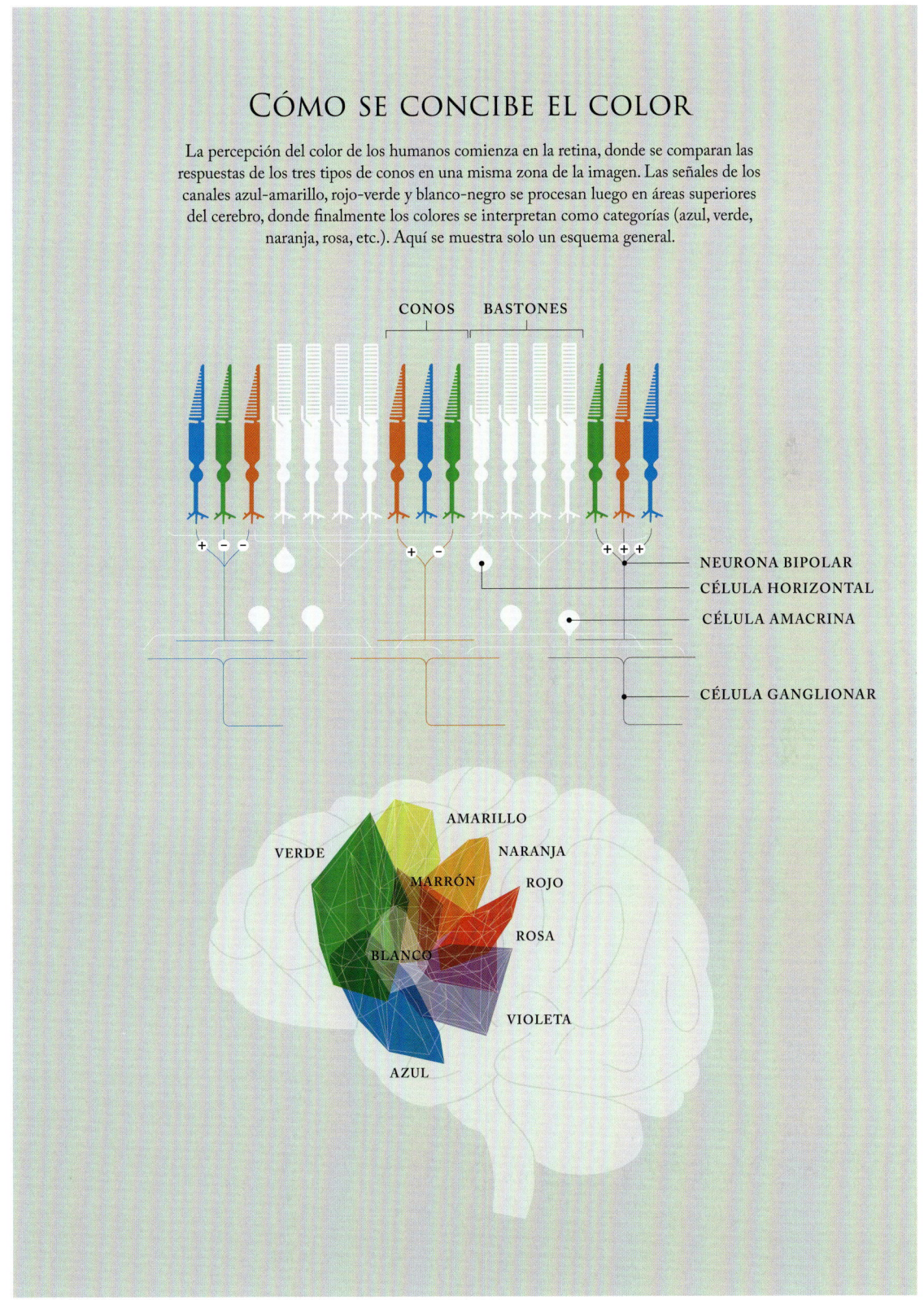

CONOS BASTONES

NEURONA BIPOLAR

CÉLULA HORIZONTAL

CÉLULA AMACRINA

CÉLULA GANGLIONAR

AMARILLO

VERDE

NARANJA

MARRÓN

ROJO

ROSA

BLANCO

VIOLETA

AZUL

EL MISMO OBJETO VISTO DE FORMA DISTINTA

Algunas personas perciben la fotografía del vestido como «blanco y dorado» (izquierda),
mientras que otras lo ven como «azul y negro» (derecha). Esta diferencia se debe
a cómo funcionan sus mecanismos subconscientes de constancia del color.

matiz, saturación y luminosidad, que finalmente se traducen en categorías
de color como morado, naranja o turquesa. Lo que llamamos color es una
experiencia perceptiva y conceptual mucho más compleja que la simple
percepción espectral de la mayoría de animales.

Constancia del color

Para que los colores guíen el comportamiento humano, deben proporcionar
información fiable sobre el entorno. La constancia del color es la estabilidad
perceptiva del color de un objeto al cambiar la iluminación. Así, advertimos
un plátano como amarillo tanto bajo luz azul diurna como bajo la luz cálida
de una vela, aunque refleje más luz de onda corta bajo la luz del día. No varía la
proporción de luz incidente en cada longitud de onda, o sea, su reflectancia física.

Gracias a esta constancia, el color distingue la reflectancia de la iluminación y, así, puede indicar fielmente las propiedades materiales de los objetos. De lo contrario, las personas podrían confundir un limón iluminado con luz azul con una lima, o interpretar que un plátano verdoso está inmaduro, cuando solo está iluminado de forma inusual.

La constancia del color es fundamental para entender qué es el color. La gente suele pensar que el color es una propiedad inherente a los objetos, así que esta «intuición intrínseca» alimentó el debate que generó en 2015 una foto sobreexpuesta de un vestido a rayas que se volvió viral (#thedress). Quienes lo veían azul y negro se enfrentaban con firmeza a quienes lo percibían como blanco y dorado, por lo que, sin constancia del color, no sería posible tener convicciones tan sólidas.

No obstante, la constancia del color no es infalible. La retina y el cerebro cuentan con diversos mecanismos, que dependen del entorno donde se han desarrollado, para estabilizar los colores. Este proceso funciona mejor bajo luz natural de espectro amplio, como la del día, que varía de forma perceptible entre tonos azulados y anaranjados, y bajo luces artificiales de espectro reducido, como fluorescentes o LED. También se debilita en el entorno submarino, donde la luz escasea. La visión cromática del camarón mantis podría ser una respuesta a este desafío, y se ha comprobado que otros animales, como las carpas doradas, las palomas y las abejas también usan este proceso de estabilización del color.

Las personas tienen experiencias distintas y se han expuesto a entornos diferentes. Por esta razón, aunque compartan una base visual común, los cerebros y mecanismos de constancia del color pueden desarrollarse de manera diferente en cada individuo. De hecho, se ha demostrado que muchas discrepancias en la percepción del vestido viral se deben sobre todo a las variaciones inconscientes de estos mecanismos de constancia.

La alteración de dimensiones del espectro cromático

No todas las personas perciben los colores del mismo modo. La mayoría tiene tres tipos de conos, pero algunas, sobre todo hombres, solo dos. En casos muy raros y únicamente en mujeres, pueden tener cuatro. Lo que se conoce como daltonismo rojo / verde abarca varias formas de visión que se alejan más o menos del patrón habitual.

En la tricromía normal, que corresponde a la percepción común del color, los conos L y M muestran una sensibilidad espectral muy similar. Por lo general, el cono L responde más a longitudes cercanas a 559 nm, mientras que el M a las de 530; aunque ambos reaccionan a un espectro más alejado de esos valores. Esta similitud se debe al origen común de sus genes de opsina, derivados de una secuencia ancestral que hace más de 30 millones de años se duplicó por mutación.

Los primates que conservaban ese gen antecesor eran dicrómatas y contaban con un tipo de cono S y otro L o M. Su percepción del color era bidimensional, limitado a los canales azul-amarillo y blanco-negro. En ciertas especies afortunadas, ese gen se duplicó y creó dos distintos, L y M, lo que incorporó una tercera dimensión: el rojo-verde. Esta mejora ofrecía ventajas a esos animales, como reconocer frutos rojizos entre el follaje verde o detectar variaciones en el flujo sanguíneo del rostro de otros animales, por lo que la mutación se afianzó.

Actualmente, cerca del 2 por ciento de los hombres son dicrómatas completos, porque carecen del gen correspondiente al cono L o al cono M, lo que causa protanopía o deuteranopía, respectivamente. Además, alrededor de un 6 por ciento presenta una forma anómala de tricromatismo por una mutación en el gen de los conos L o M, que hace que sus sensibilidades espectrales se asemejen entre sí. Esto dificulta la distinción entre los tonos rojizos y los colores marrones o verdosos.

¿Por qué afecta sobre todo a los varones? Porque los genes que codifican los conos L y M están en el cromosoma X. Por ende, un hombre que hereda un gen anómalo de su madre no puede compensarlo con otro, ya que su padre aporta un cromosoma Y. En cambio, una niña puede contrarrestar ese gen defectuoso con un cromosoma X normal del padre. Incluso podría utilizar ambos genes, anómalos y normales, y desarrollar una visión tetracromática funcional, que distingue los colores en una cuarta dimensión cromática.

.

PÁGINA SIGUIENTE
Los machos del saki de cara blanca (*Pithecia pithecia*) tienen la cara clara, a diferencia de las hembras. En los monos macho del Nuevo Mundo es común el dicromatismo, es decir, dos tipos de sensibilidad espectral. La visión puede presentar dimorfismo sexual, pues las hembras pueden ser tricrómatas al adaptarse a comportamientos de su sexo.

PÁJAROS, ABEJAS Y EL PULPO DALTÓNICO

La cantidad de tipos de fotorreceptores determina cómo interactúan los animales con los colores de su entorno. Las aves poseen cuatro, las abejas tres, mientras que los pulpos solo tienen uno, así que son daltónicos.

Una de las razones por las que tantas personas disfrutan del avistamiento de aves es porque son muy bonitas. Resulta fascinante divisar a un loro entre los árboles, a un cardenal rojo en primavera o incluso a los pequeños gorriones, cuyas tonalidades castañas y grises son preciosas. No obstante, esos colores no existen para nuestro deleite, sino que la evolución los ha modelado para facilitar la supervivencia y la reproducción de estas especies. Quizá es fácil imaginarse cómo un ave marrón se mimetiza con su entorno, pero ¿qué sucede con un loro? Y, al contrario, ¿cómo atraen a una pareja los gorriones si los loros destacan tanto? A menudo, como ocurre con otros animales, como los peces, los machos exhiben colores atractivos y llamativos, mientras que las hembras pasan inadvertidas.

Puede decirse que las aves tienen una percepción del color casi perfecta (*véase* página 89). Mientras que los humanos somos tricrómatas, con tres conos y un sistema RGB, la mayoría de las aves, al contar con cuatro, incluido uno sensible al violeta o UV, son tetracrómatas. Algunas especies con hábitos o entornos específicos, como los búhos o pingüinos, han reducido su retina a tricromática, debido a su adaptación a ambientes nocturnos o submarinos, donde la luz es escasa y casi monocromática.

Igualmente, dentro del rango RGB del espectro visible (400-700 nm), las aves tienen una percepción del color más precisa. Esto se debe a unas pequeñas gotas de aceite con color, que colocan dentro de la retina y funcionan como filtros sobre cada fotorreceptor. Dichos filtros mejoran el contraste en distintas regiones espectrales, una técnica similar a la que usan muchos fotógrafos al poner filtros amarillos o rojos en las lentes. Sin embargo, en las aves, los filtros se aplican de manera individual a cada cono y en direcciones específicas, lo que resulta mucho más refinado, ya que no altera toda la imagen, sino solo las zonas relevantes.

Frailecillo atlántico (*Fratercula arctica*) acicalándose al atardecer en las islas Heimaey, archipiélago de Westman, Islandia. La mayoría de las aves, incluidos los frailecillos, tienen una excelente visión tetracromática y exhiben colores como el del pico (presente en ambos sexos) durante la época de apareamiento.

Las abejas y otros polinizadores

Las abejas polinizan las flores guiándose por el color, que les indica la cantidad de néctar y polen de cada una. Las flores «conocen» esta interacción y han evolucionado para aprovecharse de las abejas, esenciales para la reproducción de las plantas, porque transfieren el polen masculino hasta el estigma femenino de otra flor.

Por otra parte, no son las únicas que polinizan las plantas, ya que también intervienen pájaros, escarabajos, murciélagos e incluso humanos. Aunque no lo parezca, las flores han sabido aprovecharse de nosotros, porque nuestra fascinación por el color y la variedad cromática ha impulsado el cultivo y la selección de flores con tonalidades distintas, a menudo más intensas. Todavía no comprendemos cómo la naturaleza percibe los colores, pero está claro que a las plantas les ha beneficiado.

Las abejas son las polinizadoras más importantes, de modo que su manera de percibir las flores resulta clave. Al igual que nosotros, son tricrómatas, aunque no ven el mismo rango del espectro que los humanos (400-700 nm), puesto que han desviado esta tricromía hacia el ultravioleta para poder apreciar con más detalle las regiones UV, azules y verdes. Existe cierta verdad en la creencia de que las flores rojas son polinizadas por los pájaros, dado que estos pueden percibir tanto los rojos como los UV. Algunos insectos, como ciertos escarabajos, también han desarrollado sensibilidad hacia el rojo y muestran preferencia por flores de ese color. No obstante, aunque nos gustaría creer que cada animal puede tener una sensibilidad visual específica para apreciar un color, la realidad es más compleja. Las aves, como se explica en la página anterior, tienen un sentido del color tan preciso que pueden considerarse auténticas eruditas del color: ¡destacan en todos los frentes!

Lo que sí puede afirmarse es que la sensibilidad al ultravioleta de las abejas las ayuda a detectar rasgos específicos de las flores. Muchas pueden atraer la atención de las abejas hacia el néctar que buscan mediante patrones ultravioletas, contrastes y bordes bien definidos en la planta que nosotros no podemos distinguir de ninguna forma (*véase* página 123).

PÁGINA ANTERIOR Una abeja cubierta de polen libando en un diente de león amarillo.

PÁGINA SIGUIENTE Una mariposa atalanta se alimenta del polen de una dalia.

PÁGINA 107 Una mariquita (*Coccinellidae*), también denominada vaquita de San Antonio, trepa por un helenio en plena floración de verano.

El camuflaje del daltónico

Los pulpos, junto con su pariente cercano, la sepia, nos fascinan por cómo transforman su piel. Son auténticos maestros del camuflaje, ya que pueden mimetizarse con el entorno en un instante al combinar colores, patrones, sombras y texturas. También son capaces de expresar emociones, como enrojecerse de rabia o júbilo, mientras que las sepias emiten destellos para cortejar. Por esta razón, resulta asombroso saber que casi todos los cefalópodos son daltónicos.

Existe una pequeña excepción: una pequeña familia de calamares de aguas profundas, parientes de pulpos y sepias (el cuarto grupo lo forman los primitivos nautilos, *véase* página 152), que utiliza la bioluminiscencia de distintos colores para comunicarse. Todos los demás cefalópodos, aunque vivan cerca de la superficie y dispongan de abundante luz, no perciben los colores. Hay dos pruebas que confirman este hecho. La primera es que, para apreciarlos, un animal necesita al menos dos tipos de fotorreceptores con distintas sensibilidades espectrales. Este es el caso más básico, como ocurre en animales dicrómatas como perros o vacas. Los pulpos y sepias, en cambio, solo tienen un tipo de receptor (*véase* página 85), así que su cerebro carece de los mecanismos necesarios para comparar las señales y captar los colores.

La segunda prueba proviene de experimentos donde se coloca a los pulpos sobre fondos de grava que, aunque nos parecen de color azul y amarillo, los pulpos no perciben ningún contraste entre ellos y no logran camuflarse. Estas pruebas demuestran su falta de visión cromática. Por tanto, se mimetizan con el fondo marino gracias a la textura, la sombra y el patrón del entorno, además de que la evolución les ha enseñado que una combinación de verdes y marrones les ayudará a pasar desapercibidos.

Por último, queda una mención especial: el pulpo mayor de anillos azules. Estos pequeños cefalópodos venenosos presentan anillos azules sobre una superficie amarilla (*véase* página 121) y resultan tan impresionantes como un pez de arrecife o un ave. ¿Implica que pueden apreciar esos colores? En realidad, no. Esta apariencia no es más que una señal aposemática, pues sirve para advertir a los vertebrados, como los peces, que sí poseen una buena visión cromática, sobre la toxicidad de su mordedura. Así pues, los pulpos no pueden apreciar el color que presentan.

PÁGINA SIGUIENTE
Los pulpos, como este que se camufla entre las rocas de un arrecife del mar Rojo, logran esta asombrosa adaptación al entorno, a pesar de ser completamente daltónicos.

OTRA FORMA DE PERCIBIR EL COLOR

Quizá parezca obvio que cuantos más fotorreceptores del color tenga un animal, mejor debería de percibir los colores. Ahora bien, esto solo es así hasta cierto punto.

Si las aves, al ser tetracrómatas, tienen una visión cromática casi perfecta, ¿por qué algunos animales desarrollaron más de cuatro sensibilidades espectrales? Una razón es que ciertos ojos están divididos para mirar en distintas direcciones, como arriba o abajo. Algunas moscas macho presentan una zona sexual especializada en detectar hembras. Cada región puede contar con un conjunto de pigmentos visuales, adaptados a la luz que reciben y a tareas conductuales específicas según dónde miran. Así, si un ojo tiene tres pigmentos distintos arriba y otros tres abajo, en conjunto dispone de seis. Hay casos extremos, como el del camarón mantis o ciertas especies de mariposas, que pueden llegar a tener hasta doce: ¡un sistema dodecaédrico!

¿Dónde está la ventaja de esta sorprendente capacidad espectral? Además de que tanto los camarones mantis como estas mariposas tienen ojos subdivididos para distintas funciones, también parece que codifican el color de manera única. Más allá de la retina, en el sistema nervioso, procesan y entienden los colores de forma diferente. Aun así, muestran comportamientos basados en el color, como la elección de pareja o la búsqueda de alimento. Ahora bien, algunas de estas decisiones se simplifican por utilizar un sistema de visión cromática poco común. Ambos reaccionan a los colores específicos de forma más inmediata, sin necesidad de calcular las diferencias entre estímulos cromáticos, como hacen otros animales con sistemas menos sensibles.

Cada tipo de sensibilidad de este sistema óptico está asociado a una conducta, ya sea volar, extender la probóscide o, en el caso del camarón mantis, golpear, aparearse o huir. Este animal agresivo tiene extremidades afiladas, semejantes a las de la mantis religiosa, pero con una velocidad hasta 40 veces mayor, porque tomar decisiones rápidas puede marcar la diferencia entre vivir o morir.

Tanto las mariposas como los camarones mantis emplean filtros de color en los ojos. Estos pueden encontrarse dentro de la retina o cerca del cristalino y zonas que recogen la luz en sus ojos compuestos. De hecho, muchos

¿TENER MÁS RECEPTORES DEL COLOR SUPONE UNA MEJOR PERCEPCIÓN DEL COLOR?

Los ojos del camarón mantis (*Odontodactylus scyllarus*) presentan
una banda diagonal de fotorreceptores agrandados en cada ojo.
Es ahí donde se concentran sus 12 receptores del color, junto
con otros especializados en otras funciones.

Las mariposas cometa (*Papilio*) poseen una visión cromática excelente,
basada en cuatro sensibilidades espectrales que las convierten en tetracrómatas.
Les permiten localizar flores para alimentarse, aunque también cuentan
con otras sensibilidades espectrales adaptadas a diferentes tareas.

invertebrados, como arañas, moscas y gusanos, utilizan estos filtros, junto con el pigmento visual de cada célula retinal (rabdomas), para adaptar su percepción cromática a la tarea que deben realizar en cada momento.

El camarón y el satélite

Los camarones mantis, también denominados estomatópodos, no solo poseen la mayor sensibilidad espectral conocida, sino que su visión cromática se asemeja a la de los satélites… e incluso a la de las fotocopiadoras.

Los camarones mantis existen desde hace 400 millones de años. Cuando los diseñadores de satélites y fotocopiadoras desarrollaban formas de captar el color, desconocían el sistema óptico de los estomatópodos. Sin embargo, se enfrentaban al mismo reto: registrar el color. La fotocopiadora lo reproduce, el satélite transmite imágenes del planeta y el camarón mantis toma decisiones rápidas ante su presa. Todos lo logran mediante un escaneo lineal de receptores cromáticos, ya sea sobre una página, la Tierra o un objetivo. Construyen un «mapa» bidimensional del color a lo largo del tiempo. Si observamos de cerca el ojo del camarón mantis, bajo su superficie se distingue una franja clara que divide el ojo en dos partes. Esa banda media contiene sus doce receptores cromáticos, que abarcan un rango de 300 a más de 700 nm.

Una vez comprendido el vínculo entre el camarón y el satélite, hemos empezado a aprovechar mejor lo que su sistema óptico y la tecnología de la naturaleza pueden enseñarnos. Este conocimiento inspira a las tecnologías de teledetección, tanto en satélites como en sistemas aerotransportados, y está abriendo nuevas posibilidades en diversos campos, desde la detección temprana del cáncer hasta la navegación subacuática y el almacenamiento más eficiente de datos en ordenadores. Todo esto es fruto del creciente entendimiento de un sistema óptico único y de su forma de interpretar el color, así como otros aspectos de la luz de nuestro planeta.

Para el camarón mantis, interpretar lo que ve puede ser cuestión de vida o muerte. En los arrecifes, hay especies distintas pero emparentadas que exhiben colores específicos en partes del cuerpo, como si llevaran un código visual para identificarse antes de enfrentarse. Este sistema es crucial, porque el golpe de un camarón mantis no solo es tan veloz que el ojo humano no lo percibe, sino que algunos animales tienen la fuerza de una bala de pequeño calibre, así que son capaces de aplastar a una presa con un solo impacto.

PÁGINA ANTERIOR
Un camarón mantis cebra (*Lysiosquillina maculata*) sale disparado desde su madriguera para atrapar a un pez damisela. El golpe es tan veloz que el ojo humano solo puede percibirlo con la ayuda de una cámara de alta velocidad.

LOS COLORES EN EL CEREBRO

Los animales procesan el color según la complejidad de su cerebro.
En los vertebrados con cerebros grandes, como los humanos,
el procesamiento requiere más pasos que en los cerebros pequeños
de los invertebrados, como los insectos.

El color es, en cierto modo, continuo a lo largo del espectro, así que la mayoría de los humanos tendemos a clasificar los millones de matices que percibimos en categorías específicas como azul, verde, amarillo o rojo. En concreto, dentro del verde distinguimos tonos como oliva, pino, esmeralda o lima. Sin embargo, esta clasificación requiere procesamiento cerebral y establecer una nomenclatura. Incluso se ha descubierto que, al menos, dos zonas de los lóbulos frontales y posiblemente el cerebelo están involucrados en esta tarea.

En la corteza visual de los primates, incluidos los humanos, las tonalidades se agrupan en colores cálidos y fríos. Esa información se envía a los lóbulos frontales, donde se codifican categorías basadas en la familiaridad del observador con cada color. Esto indica que dichas categorías no forman parte del sistema óptico, sino que dependen de la experiencia del individuo. En otras palabras, lo que una persona puede identificar como verde, otra puede verlo más azulado y otorgarle un valor distinto.

Resulta curioso que los pájaros sean capaces de clasificar los colores. Las hembras del diamante mandarín, un pequeño pájaro cantor, prefieren a los machos con el pico rojo frente a los anaranjados. Esta diferencia parece indicar la calidad del macho en cuanto a destreza para luchar, fertilidad y salud. Además, está vinculada a una buena alimentación y a la cantidad de pigmentos carotenoides que consumen (*véase* página 83). En experimentos conductuales con distintos tonos de rojo, se ha visto que las hembras los agrupan en dos categorías: naranja (machos de clase inferior) y rojo (de mayor calidad). Incluso cuando hay una amplia variedad de matices, se mantiene esta clasificación; por ejemplo, colores como el granate, el escarlata y el carmesí se consideran rojos. Los diamantes mandarín también distinguen entre azul y verde, aunque no parece que esa clasificación proporcione ninguna ventaja ecológica. Por consiguiente, la categorización del color en las aves podría ser una característica general de su procesamiento visual, más que estar relacionada con una función específica.

Dos machos de diamante cebra (*Poephila guttata*) en el Territorio del Norte, Australia. Cuanto más carotenoides consume un macho, más rojo es su pico, lo que indica una mejor salud y fortaleza. Las hembras no se fijan en los matices, sino que clasifican los picos como rojos o naranjas para valorar su calidad.

El procesamiento del color en invertebrados

La primera etapa del procesamiento del color en vertebrados ocurre en la retina, antes de enviar las señales a la corteza visual para ser clasificados y, luego, a los lóbulos frontales, donde se categorizan. En los invertebrados, como crustáceos, insectos y arañas, al contar con cerebros más pequeños, el procesamiento visual, incluido el color, ocurre en las fases iniciales del proceso que tiene lugar en el sistema nervioso periférico. Solo después se transmiten las señales simplificadas al sistema nervioso central para guiar los comportamientos.

Pese a que los crustáceos suelen vivir en medios acuáticos y los insectos en tierra, sus sistemas visuales son similares, como que, en su mayoría, ambos poseen ojos compuestos. También comienzan a procesar el color y otras informaciones visuales en tres partes de las neuronas conocidas como neurópilo óptico, situado justo detrás de los fotorreceptores y cuyo procesamiento es parecido a las capas de la retina de los vertebrados (*véase* página 76).

Las neuronas que comparan la información del color se conectan desde los neurópilos con tres regiones centrales del sistema nervioso, siendo una de ellas los cuerpos pedunculares. Estos integran las señales del color, intensidad y olor para guiar la elección de flores en los himenópteros (abejas, avispas, sínfitos y hormigas) o en mariposas. Parece que en los insectos la información sobre el color se canaliza a través de distintas vías multisensoriales y cada una controla una respuesta conductual concreta.

Mucho de lo que sabemos sobre la visión cromática de los invertebrados comenzó hace más de un siglo con los experimentos pioneros de Karl von Frisch sobre el comportamiento de las abejas. Demostró que podían distinguir entre las flores hechas de papel de colores frente a otras en blanco y negro. Dado que los polinizadores como las abejas tienen una visión adaptada para apreciar las flores, no es un dato sorprendente; sin embargo, lograr que una abeja lo revelara fue un avance extraordinario.

Los estudios comparativos recientes sobre la categorización del color en el sistema nervioso central de los primates han identificado un total de doce sensibilidades espectrales. Es curioso que esta compleja organización se parezca a las sensibilidades espectrales del camarón mantis; solo que, en su caso, la clasificación ocurre desde el inicio del proceso visual al no tener tiempo para reflexionar y necesitar resolver todo en una acción inmediata.

PÁGINA ANTERIOR Hormigas agarrándose a frutos de diferentes colores. A diferencia de otros himenópteros tricromáticos como las abejas, las hormigas son dicrómatas, algo así como los perros en el mundo de los insectos. Se desconoce si eligen los frutos por el color; es posible que el olfato y el gusto influyan más.

PÁGINA 118 Una chinche metálica (Scutelleridae).

PÁGINA 119 Chinche con rostro humano (*Catacanthus incarnatus*). El sistema óptico y el procesamiento del color en la mayoría de escarabajos siguen siendo poco conocidos. Aunque parezca que pueden percibir y aprovechar sus propios colores, es posible que estos funcionen como señales de advertencia para destacar ante los ojos de los depredadores, como aves u otros vertebrados.

COLORES OCULTOS

INTRODUCCIÓN

Muchas criaturas pueden captar la luz de su entorno por encima de los límites naturales de nuestra percepción. Existen también colores que no solemos distinguir, como la bioluminiscencia de las profundidades marinas.

Buena parte de las aves, crustáceos, peces pequeños del océano, insectos, serpientes y algunos mamíferos pueden detectar una parte del espectro invisible para nosotros: la luz ultravioleta (UV), que se encuentra en el extremo de longitudes de onda más cortas, por encima del violeta. Como el ojo humano no es sensible a esas longitudes, no les hemos asignado nombres como hacemos con los visibles y las denominamos de forma general como luz ultravioleta.

Que los humanos y otros animales no perciban esta franja del espectro puede beneficiar a quienes sí la ven, especialmente cuando interviene en la coloración o el reflejo del cuerpo. El UV puede funcionar como una forma de comunicación secreta entre quienes poseen esa capacidad y quienes no. La información que se transmite por esta frecuencia de ondas puede expresar agresividad, un estado de ánimo o si quiere aparearse. Al igual que nosotros, muchos animales de gran tamaño, como peces depredadores o especies terrestres, no tienen visión ultravioleta. Por eso, necesitamos cámaras especiales para captar patrones y señales ocultas en estos animales.

En el extremo opuesto del espectro, algunos detectan las longitudes de onda más largas del infrarrojo (IR) y la región entre el rojo e infrarrojo, conocido como rojo lejano. De nuevo, esto interviene en funciones muy definidas.

Las longitudes de onda infrarrojas se emiten por el calor corporal y otros objetos calientes. Mientras que los humanos necesitamos cámaras térmicas u otros dispositivos sensibles al calor para detectarla, serpientes como los crotalinos perciben la longitud de onda IR para atacar a un ratón, incluso en la más absoluta oscuridad.

Por último, algunos animales emiten luz dentro de nuestro espectro visible mediante la bioluminiscencia o fluorescencia. La bioluminiscencia se encuentra principalmente en la profundidades oceánicas, y de ahí que esté fuera de nuestra percepción. Gran parte de lo que llamamos biofluorescencia no es un estímulo visual, sino un fenómeno químico. Más adelante se explicará.

Contrastes de colores invisibles para nuestros ojos

La caléndula acuática (*Caltha palustris*) nos parece una flor de color amarillo intenso
y uniforme, pero para animales como las abejas, que perciben los rayos UV,
el centro de la flor, donde está el polen y el néctar, es más oscuro.

LA SENSIBILIDAD AL ULTRAVIOLETA

Aunque no podemos percibir el ultravioleta (UV),
es importante para otras especies. Pese a ello, resulta perjudicial
para muchos animales, porque puede provocar quemaduras
solares, envejecimiento prematuro, ceguera y cáncer.

A finales del siglo XIX, el polímata británico John Lubbock demostró que
hormigas y pulgas de agua respondían a la radiación ultravioleta. Durante
la primera mitad del siglo XX, se añadieron a la lista de especies sensibles
al UV las abejas y algunos peces, como piscardos y espinosos. A pesar de
que, tanto antes como ahora, se considere algo inusual, la percepción del UV
es mucho más común en el reino animal de lo que se creía. En cuanto
a los vertebrados, es frecuente en aves y peces, pero también se da en varios
reptiles, anfibios y, sorprendentemente, algunos mamíferos. Entre los
invertebrados, se ha registrado sobre todo en insectos y crustáceos.

El desinterés histórico por la visión ultravioleta se debe casi con certeza
a que los humanos no podemos percibirla. Esta limitación, junto con una
visión antropocéntrica del mundo, llevó a muchos a preguntarse por qué
otros animales deberían verla si nosotros vivimos bien sin ella. A decir
verdad, muchas plantas, animales, e incluso el fondo sobre el que se mueven,
reflejan rayos UV, lo que genera un entorno repleto de señales ultravioleta.
Detectar estos estímulos proporciona múltiples beneficios a los animales:
facilita la elección de pareja, advierte de los depredadores, ayuda a orientarse,
navegar, buscar alimento o identificar individuos. Dado que la sensibilidad
a los rayos UV resulta tan útil para tantas especies, quizá la pregunta no sea
por qué algunos animales la tienen, sino por qué nosotros y otros animales
no somos capaces de percibirlos.

Cuando se descubre que un animal percibe los rayos UV, suele asociarse
a una determinada función, aunque rara vez se cuestiona por qué los animales
pueden ver el rojo, el azul o el naranja. Ahora bien, funcionalmente, su papel
no es más especial que el de otras sensibilidades del espectro y, pese a que
influye en muchos comportamientos, suele hacerlo junto con otras longitudes
de onda.

ANOLIS VERDE
(ANOLIS CAROLINENSIS)

Los lagartos *Anolis* emplean un pliegue extensible en la garganta, denominado papada, como señal territorial para ahuyentar a otros machos y atraer a las hembras en época de celo. El gráfico muestra cómo varía la reflectancia de la papada de *Anolis carolinensis*. Por otro lado, la reflectancia de esta estructura alcanza longitudes de onda largas, lo que le da su color rojo característico. Sin embargo, también presenta un pico de reflectancia en la región UV, ausente en el resto del cuerpo. Este contraste aumenta su visibilidad frente al entorno de hojas y árboles, que reflejan poco en el espectro UV. Así, para otros lagartos *Anolis* sensibles al UV, esta papada resulta mucho más visible que para los humanos.

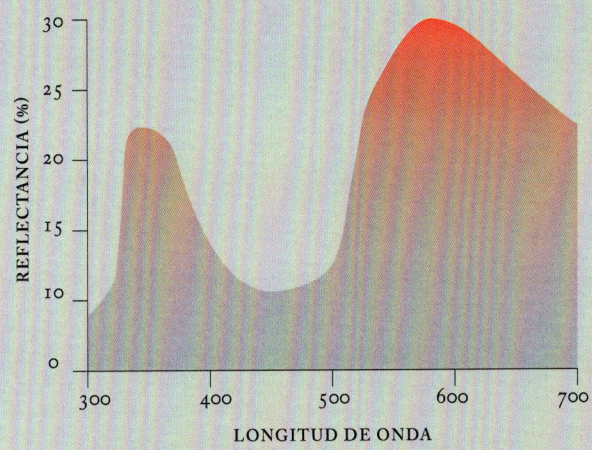

El lenguaje del amor oculto en los colores

El macho de la mariposa azufre de línea recta (*Phoebis trite*) presenta colores distintos para nosotros bajo luz visible (superior) y luz ultravioleta (inferior), como revela la fotografía de una cámara UV. Los machos de varias especies de mariposa utilizan estos reflejos como parte del cortejo y, aunque las hembras e incluso aves depredadoras pueden ver tanto el naranja como el UV, para los humanos este último permanece invisible sin la ayuda de cámaras especiales.

Cómo se percibe el ultravioleta

Para que una longitud de onda sea visible, debe ser absorbida por los pigmentos visuales de los fotorreceptores de la retina (*véase* página 81). La luz con longitudes inferiores a 300 nm es bloqueada por el cristalino, la córnea y el humor acuoso (los medios refractivos), de forma que nunca llega a la retina y, por ende, ningún animal puede percibirlas. Además, muchos animales, incluidos los humanos, cuentan con pigmentos en el cristalino que filtran las longitudes inferiores a 400 nm e impiden que lleguen, lo que contribuye a que seamos insensibles a la luz ultravioleta.

Ahora bien, muchas especies tienen tanto medios reflectantes que transmiten la radiación UV como pigmentos visuales con una sensibilidad máxima en esa región del espectro, lo que las hace muy sensibles a la luz ultravioleta. Por ejemplo, aunque la mayoría de los mamíferos son dicrómatas y poseen pigmentos visuales sensibles a las regiones azul y verde (*véase* página 85), en algunas especies el pigmento azul ha sido reemplazado por uno que absorbe con mayor facilidad la luz UV. Los insectos, al igual que los humanos, cuentan con tres pigmentos visuales, pero estos absorben principalmente la luz verde, azul y UV, en lugar del rojo, verde y azul que captamos nosotros. Muchos peces y aves son tetracromáticos, debido a que cuentan con pigmentos sensibles al rojo, verde, azul y ultravioleta. Pese a que la mayoría de animales que perciben el UV solo tienen un pigmento sensible a esta longitud, algunos invertebrados, como ciertas moscas y camarones mantis, poseen varios. Cabe destacar que estos pigmentos aparecieron temprano en la evolución de los ojos.

Por lo general, los humanos no solemos percibir los rayos UV porque el cristalino los bloquea. En cambio, si se extrae durante una operación de cataratas o por un traumatismo, y no se reemplaza por un cristalino que absorba esta luz, podemos llegar a percibir esta longitud de onda como un violeta blanquecino. Esto se debe a que todos los pigmentos visuales tienen cierta absorbencia residual de la luz UV. Por ende, cualquier animal con medios reflectantes que permitan el paso de esta luz podrá percibirla, incluso sin contar con un pigmento visual específico para esta parte del espectro.

El ultravioleta y la selección de pareja

Dada la intensa pigmentación de muchas aves, no es de extrañar que usen el color como una señal de comunicación. La reflectancia ultravioleta en las plumas es común, lo que sugiere que los rayos UV forman parte de su espectro de señales cromáticas. Asimismo, esta reflectancia suele diferir entre sexos (dimorfismo sexual) y, en este contexto, los colores UV pueden ser decisivos en la selección de pareja. En uno de los primeros experimentos, las hembras de diamante mandarín observaban a los machos a través de ventanas que transmitían o bloqueaban los rayos UV. Para los humanos, los machos eran idénticos, pero las hembras preferían a los que veían a través de la ventana que permitía el paso de los rayos UV, lo que destaca la importancia de esta reflectancia en su elección.

En uno de los primeros experimentos, El uso de la reflectancia ultravioleta en la elección de pareja no se limita a los diamantes mandarín, ya que también se ha observado en otras aves, peces, reptiles y anfibios. Incluso algunas hembras de ciertos invertebrados, como mariposas o arañas saltarinas, usan señales UV para identificar al macho más apto.

No obstante, antes de pensar que los rayos UV cumplen una función exclusiva para la elección de pareja, cabe destacar que no son la única parte del espectro que influye en este proceso. Por ejemplo, si se eliminan otras longitudes de onda en los diamantes mandarín, también reduce la atracción hacia los machos. En particular, el pico rojo de los machos parece tener especial relevancia a la hora de elegir pareja (*véase* página 115).

Una de las posibles ventajas del uso de señales ultravioleta es su potencial como forma de comunicación encubierta. Imaginemos un insecto que se encuentra bien camuflado, pero que revela patrones UV ocultos al levantar el ala para atraer a una posible pareja. Si su principal depredador no percibe el UV, la señal podría hacerse sin que corra el riesgo de ser detectada. Ahora bien, esta situación es poco habitual en tierra firme, dado que la sensibilidad al UV es bastante común y la señal solo quedaría oculta para pocas especies.

PÁGINA SIGUIENTE El macho de araña pavo real (*Maratus speciosus*) muestra patrones y colores complejos, junto con danzas ideadas para cortejar a la hembra durante el proceso de selección. Estas arañas poseen una excelente visión cromática, especialmente en el rango ultravioleta.

VARIACIONES EN EL PLUMAJE DE LAS AVES

A continuación se muestran ejemplos del plumaje de las aves y la impresionante variación de colores que presentan. Aunque no podamos distinguirla, todas estas especies reflejan la radiación UV en ciertas partes de su plumaje. Este patrón «oculto» pero visible para quien puede ver el UV es habitual en el cortejo.

Papamoscas ultramarino (*Ficedula superciliaris*).

Tucán piquiverde (*Ramphastos sulfuratus*).

Martín pescador común (*Alcedo atthis*).

Guacamayo macao (*Ara macao*).

Azulillo sietecolores (*Passerina ciris*).

Ave del paraíso de Raggi (*Paradisaea raggiana*).

Periquito común (*Melopsittacus undulatus*).

Rabihorcado grande (*Fregata minor*).

Mielerito verde (*Chlorophanes spiza*).

Serín canario (*Serinus canaria* doméstico).

Pito euroasiático (*Picus viridis*).

Carraca lila (*Coracias caudatus*).

El ultravioleta debajo del agua

Bajo el agua, el UV puede tener la misma importancia como señal cromática que la que tiene en tierra para algunos animales, aunque no para todos.

Si pasa un día soleado en la playa, quizá note que los rayos ultravioleta le han quemado la piel, pero, si se mete en el agua, creerá que está protegido porque el agua absorbe estos rayos. Al final, los peces no pueden quemarse con el sol… ¿o sí? De hecho, ambas afirmaciones son erróneas. Muchos peces que viven cerca de la superficie del agua desarrollaron su propio «protector solar» en la mucosa de su piel, mediante aminoácidos similares a la micosporina, para absorber los rayos UV. Este mecanismo también aparece en algunos hongos terrestres, de ahí que el prefijo «myco–» haga referencia a esta especie. Por el contrario, nosotros necesitamos comprar crema solar en cualquier establecimiento.

Los rayos UV penetran en el agua según su claridad. Como se trata de una luz de alta energía, las aguas turbias la dispersan y absorben en poco tiempo, mientras que en las aguas más claras de la mitad del océano pueden llegar a cientos de metros. Obviamente, muchos crustáceos, camarones y otros parientes que viven a profundidades de hasta 450 m de profundidad utilizan la luz UV para permanecer en una profundidad específica.

A pesar de que el agua de un arrecife puede parecer cristalina, en realidad es bastante opaca, especialmente cuando se trata de los rayos UV, que solo penetran unos metros. Los peces del arrecife de coral, como los peces damisela limón, presentan marcas ultravioleta en el cuerpo y rostro invisibles para los humanos, a menos que utilicemos cámaras UV. Al igual que los patrones UV de las flores solo pueden ser vistos por las abejas (*véase* página 123), estos son perceptibles para otros peces damisela, y cumplen una función conductual de intimación, como la competencia entre machos y el cortejo. Al igual que los humanos, los peces grandes de los arrecifes, como las barracudas y los meros, no poseen la sensibilidad visual necesaria para percibir el UV, así que no pueden ver estas exhibiciones furtivas. Estos depredadores viven a muchos metros de distancia y, dado que la radiación ultravioleta no se propaga a mucha distancia en un arrecife, estas interacciones cercanas pasan desapercibidas.

EL UV TAMBIÉN ES RELEVANTE DEBAJO DEL AGUA

Fotografías a color del pez damisela de Ambón (*Pomacentrus amboinensis*), realizadas con una cámara normal y con una cámara apta para el UV.

Mamíferos daltónicos

En lo relativo al color, los mamíferos parecen bastante insulsos. A excepción de algunas especies, la mayoría pasan desapercibidos gracias a sus pelajes grises o marrones; pero ahí no se queda la cosa.

Pese a que la evolución de la visión cromática no depende solo del color corporal, no sorprende que la percepción del color de los mamíferos sea deficiente en comparación con otros animales. Como sucede con varias especies de invertebrados y vertebrados, unos pocos mamíferos, incluidos los humanos, son tricromáticos (tres pigmentos visuales en los conos); aunque la mayoría, incluidos los animales domésticos, son dicrómatas (dos pigmentos visuales), como los humanos con daltonismo. Estos perciben una paleta de colores reducida frente a los animales con más pigmentos.

No obstante, algunos mamíferos pueden percibir longitudes de onda por debajo de los 400 nm. Se identificaron por primera vez en ciertos roedores unos pigmentos visuales sensibles al ultravioleta, aunque también se han encontrado en una especie de topo, varios marsupiales y murciélagos. Por ejemplo, la orina fresca de los roedores refleja la luz UV, lo cual podría ser útil para especies que marcan su rastro con orina y pueden ver el UV. Esta observación llevó a proponer que las aves rapaces sensibles a esta luz podrían aprovechar estos rastros para cazar roedores; sin embargo, como en el caso de los vombátidos y otros animales que brillan bajo luz UV en una habitación oscura (*véase* página 69), esta teoría podría ser un ejemplo de cómo no dejar que los hechos arruinen una buena historia, dado que las investigaciones más recientes han puesto en duda esta hipótesis.

Para percibir la luz UV no es necesario tener un pigmento visual específico para esa zona del espectro; basta con que los medios reflectantes del ojo permitan su paso (*véase* página 127). En hámsteres, por ejemplo, los ritmos diarios están regulados por la luz UV y algunos murciélagos muestran respuestas conductuales ante ella. También se ha comprobado que las retinas de los renos reaccionan a la radiación UV, sin contar con pigmentos con sensibilidad máxima por debajo de 400 nm. Los ojos de mamíferos dicrómatas, como gatos, perros, hurones, cerdos o erizos, permiten el paso de los rayos UV a la retina, pero todavía no se ha demostrado que estos animales empleen esa parte del espectro en sus actividades cotidianas.

PÁGINA SIGUIENTE Ardilla malabar (*Ratufa indica*), Karnataka, India. Aunque es colorida, se desconoce cuántos tipos de conos posee. En cambio, los parientes cercanos como el ardillón de California tienen tres tipos de conos.

Los caribúes y los UV

En el Ártico, los caribúes están expuestos a niveles altos de radiación UV debido a la dispersión atmosférica y a la intensa reflexión de la nieve y el hielo. Aunque la mayoría de los mamíferos no poseen pigmentos visuales con sensibilidad máxima al UV, ellos sí son capaces de percibir los rayos UV, ya que sus medios reflectantes dejan que lleguen a la retina. Existen pruebas de que esta capacidad visual los ayuda a orientarse mejor, a encontrar alimento y a detectar posibles depredadores.

Para los humanos y caribúes, la nieve y el hielo parecen blancos, porque reflejan tanto la luz visible como el UV. Sin embargo, los líquenes, un alimento esencial de la dieta del caribú, absorben más el UV que otras longitudes de onda. Así, incluso cuando hay poca luz durante el invierno ártico, los caribúes sensibles al UV distinguen mejor estas plantas, porque contrastan contra el fondo nevado que las refleja.

PÁGINA ANTERIOR Caribú (*Rangifer tarandus*).

Del mismo modo, el pelaje de animales como el zorro ártico, uno de los principales depredadores del caribú, parece blanco ante quienes no perciben la luz UV. No obstante, dado que ese pelaje blanco absorbe los UV y la nieve los refleja, resaltan cuando los observa un animal sensible a esta parte del espectro, como el caribú.

La reflectancia ultravioleta de la nieve también varía según la calidad de su superficie, un detalle que puede resultar crucial para los caribúes mientras se desplazan por los parajes nevados. Por otro lado, la sensibilidad a la luz ultravioleta podría explicar por qué estos animales evitan las líneas eléctricas de alta tensión, que a menudo irrumpen en sus rutas migratorias. Pese a que estas líneas no constituyen una barrera física, están asociadas a descargas de corona, es decir, emisiones de luz ultravioleta intensa que los caribúes sí pueden percibir.

Resulta asombroso que los caribúes sean sensibles a los rayos UV, porque la radiación UV que hay en las regiones árticas es perjudicial para la vista. Por ejemplo, los humanos suelen llevar gafas para protegerse de las lesiones que pueden causar en la retina y, así, evitar la ceguera de las nieves, una inflamación de la córnea causada por esta exposición. Todavía no se sabe por qué los animales árticos y otros animales expuestos a grandes cantidades de luz UV, como las aves, no sufren estas lesiones.

¿Por qué no se ven los rayos UV?

Pese a que muchos animales sacan provecho de la información que ofrece la luz UV, no todos pueden percibirla. En muchas especies, el cristalino actúa como un filtro que bloquea las longitudes de onda más cortas, impidiendo que los rayos UV alcancen la retina y se vuelvan ciegas a esta parte del espectro.

Una de las razones por las que ver los rayos UV puede no resultar una ventaja es que estos pueden dañar el ojo, sobre todo la retina. Los animales que sí la detectan suelen ser pequeños, nocturnos y de vida breve, por lo que están menos expuestos a esta radiación. En cambio, los animales diurnos, longevos y con ojos grandes, como los humanos, están más expuestos y, por eso, se benefician de mecanismos que bloqueen los UV. Sin embargo, esta regla no siempre se cumple. Los caribúes, por ejemplo, tienen unos ojos grandes, viven más de 20 años y están muy expuestos a los rayos UV en verano, pero siguen siendo sensibles a ellos. Lo mismo ocurre con los loros, que pueden vivir más de 50 años. En ambos casos, sus medios reflectantes permiten el paso de la luz ultravioleta hasta la retina sin que se observen efectos perjudiciales aparentes, lo que sugiere que podrían haber desarrollado mecanismos de protección aún no bien comprendidos.

Otro motivo por el que puede no ser conveniente la visión de los rayos UV es que las longitudes de onda corta producen imágenes menos nítidas, porque las partículas atmosféricas dispersan más la luz UV, de ahí que el cielo se vea azul. Asimismo, las longitudes de onda más cortas se enfocan delante de la retina en los vertebrados, fenómeno llamado aberración cromática. Que los rayos UV penetren en la retina de los animales nocturnos no representa un problema, ya que priorizan captar la mayor cantidad de luz posible frente a distinguir los detalles. En cambio, para los animales que dependen de una visión precisa, como humanos y aves rapaces, bloquear las longitudes de onda corta mejora la calidad de la imagen, aunque sean insensibles a estas. Algo parecido sucede en las ranas trepadoras que, mediante cristalinos pigmentados, evitan que la luz UV entre en sus ojos y mejoran la calidad de su visión para desenvolverse mejor en entornos arbóreos o complejos.

PÁGINA SIGUIENTE
La hembra de la rana de caña de Riggenbach (*Hyperolius riggenbachi*) ha desarrollado un cristalino pigmentado que bloquea luz ultravioleta. Esto mejora la calidad de la imagen de su retina y facilita su orientación en entornos 3D complejos.

El sexo y las plumas fluorescentes

La fluorescencia usa la energía de los fotones de longitud de onda corta (UV y azules) para emitir longitudes más largas (verde, amarillo o rojo), pero ¿para qué sirve?

A los humanos nos atraen las cosas brillantes y las que resplandecen en la oscuridad. Quien haya estado en una discoteca, verá que las luces UV iluminan las cosas que están en la pista de baile, incluida la ropa, los zapatos y la pintura corporal. También utilizamos la fluorescencia durante el día, ya que los detergentes en polvo, subrayadores fluorescentes o ropa reflectante contienen compuestos fluorescentes que atrapan la luz y la reemiten para que los objetos parezcan más brillantes que el resto y resalten.

Ahora bien, antes de explicar cómo la naturaleza utiliza la fluorescencia durante la noche, ¿qué ocurre durante el día? Los animales y las plantas lo consiguieron mucho antes que nosotros (*véase* página 69). Uno de los fines más comunes de los colores brillantes e intensos de la naturaleza es atraer al sexo opuesto. Muchos pájaros prefieren los días soleados o lugares iluminados para exhibirse. Al igual que los loros adoran mostrar su plumaje al sol porque produce brillo fluorescente, los periquitos forman grandes bandadas en el desierto australiano y zonas cercanas para lucir las plumas de la coronilla y las mejillas, porque adquieren un tono amarillo llamativo gracias a la captación y reemisión de luz. Esto desempeña un papel crucial a la hora de que las aves elijan pareja, tanto en machos como en hembras.

¿Cómo sabemos esto? Gracias a que unos investigadores aplicaron protector solar sobre las plumas amarillas de la coronilla y mejillas del periquito para que, al bloquear los rayos UV del sol, se redujera su fluorescencia. Aunque para nosotros seguían siendo amarillas, eran menos atractivas para las hembras de su especie, porque, como tienen una percepción más exigente en términos espectrales, ya no eran lo bastante amarillas.

Algunas plantas también utilizan la fluorescencia. La clorofila la emplea para regular la luz dentro de las hojas, emitiendo un rojo tenue que nos cuesta percibir. Sin embargo, ciertas plantas carnívoras, como las jarra, generan fluorescencia visible para insectos, como moscas, y atraerlos hacia unos anillos brillantes que tienen alrededor de sus bocas. Allí caen en una trampa resbaladiza y mueren en el líquido digestivo.

Biofluorescencia que es tanto visible como relevante

Los periquitos usan la fluorescencia amarilla para elegir pareja, que aparece en las fotografías central e inferior, donde los pájaros están iluminados con luces UV. Esta elección se hace a plena luz del día, cuando hay rayos UV para excitar las plumas durante el corte y lograr un amarillo más intenso, como pasa con las prendas de alta visibilidad que usamos.

Cazar en plena noche

El efecto de fluorescencia que vemos por la noche en los tatuajes o pintura corporal de las discotecas, que bien podría considerarse una especie de cortejo, no se observa en la naturaleza.

La conversión de luz en fluorescencia es un proceso muy ineficiente, porque se requiere una fuente de luz intensa para que se manifieste en la oscuridad. Si bien aparecen con cierta frecuencia casos de animales biofluorescentes, entre ellos vombátidos, ranas o tiburones, lo importante no es cómo se verían estos animales cuando los iluminamos con una luz UV en la oscuridad, sino cómo se perciben entre sí.

Para que la fluorescencia natural funcione en plena oscuridad, el entorno debe ofrecer unas condiciones lumínicas específicas, como la zona mesopelágica del océano (200-1000 m de profundidad) —«meso» hace referencia a la profundidad y «pelágico» a océano—. Allí, predominan depredadores como medusas y otros organismos gelatinosos. A esas profundidades, la claridad del agua oceánica de en medio provoca que la luz ambiental sea de un azul intenso, casi violáceo, que se concentre en torno a los 475 nanómetros (*véase* página 29). No obstante, se trata de una zona en penumbra, puesto que la mayor parte de la luz procede de la superficie, mientras que todo lo que queda a los lados o al fondo está oscuro.

Varias medusas emiten fluorescencia, especialmente en las puntas de sus tentáculos, gracias a la aequorina, compuesto que los humanos han aprovechado en diversos campos, como la neurociencia y la cirugía cerebral. La fluorescencia de las medusas se activa cuando la aequorina es excitada por las longitudes de onda de la luz azul que hay en las profundidades donde habitan. Como el fondo marino es oscuro, sus tentáculos urticantes brillan, efecto que se cree que actúa como un señuelo para atraer a pececillos y pequeños organismos hacia su muerte. Este uso de la fluorescencia ha sido también imitado por nosotros, ya que muchos de los señuelos de pesca que utilizamos llevan un colgante fluorescente.

Los corales de arrecifes, parientes de las medusas, también emiten fluorescencia. Esta especie utiliza sus tentáculos urticantes para picar o capturar plancton y otros pequeños organismos, así que es posible que este brillo sirva también como una técnica para atraer a sus presas, incluso de día. Lamentablemente, no toda la fluorescencia que vemos en los corales es positiva (*véase* página 273).

PÁGINA SIGUIENTE La medusa sombrero de flores (*Olindias formosa*) tiene tentáculos con puntas rosadas que son fluorescentes y bioluminiscentes, dos mecanismos distintos de luz que usa por la noche para atraer a sus presas.

PÁGINAS 144-145 Primer plano de un coral *Favia*. Brilla intensamente bajo la luz azul o UV de onda corta. Esta reacción de intercambio de luz puede ayudar a regular sus procesos fisiológicos, incluida la fotosíntesis de las algas simbióticas que viven en su interior.

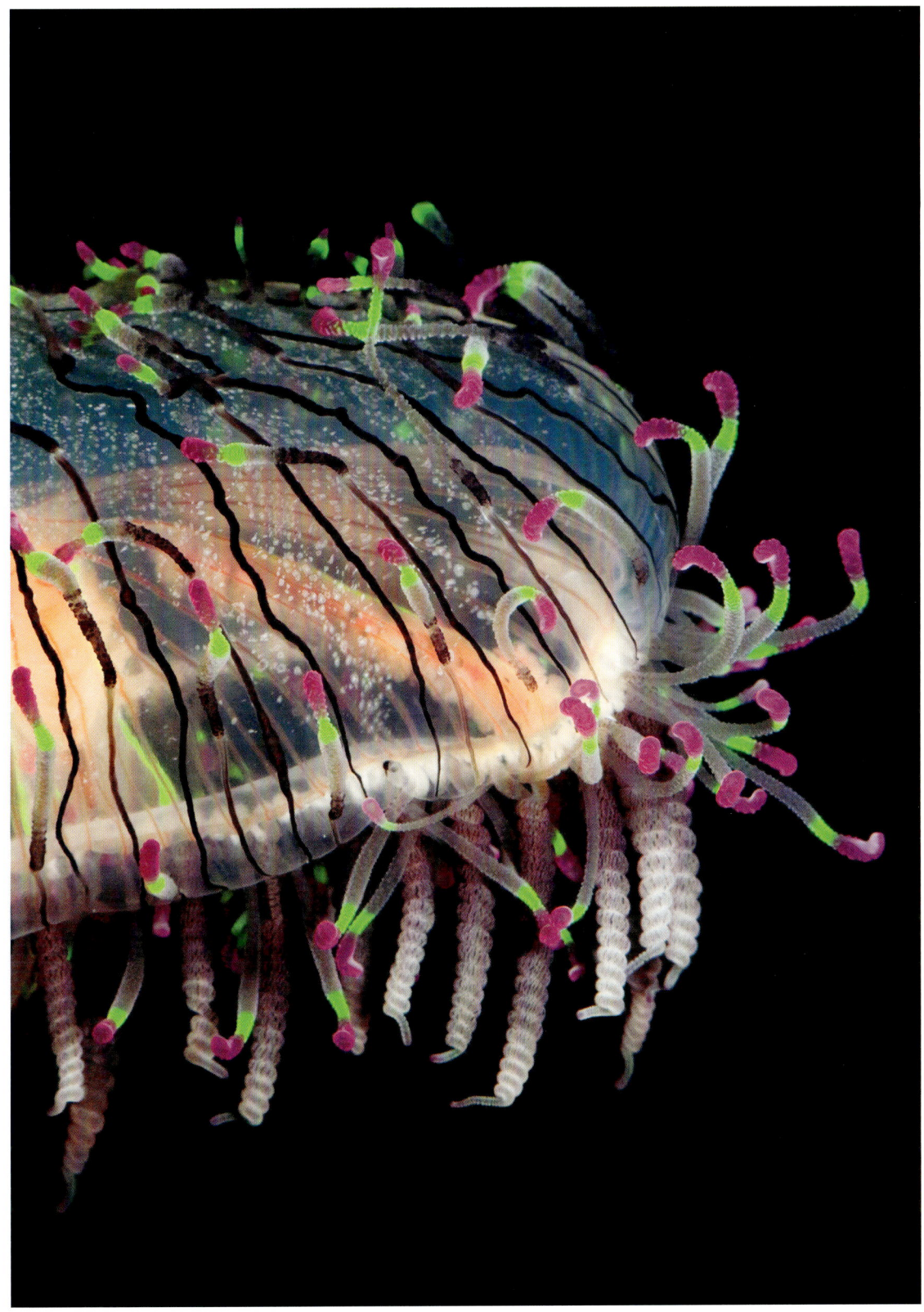

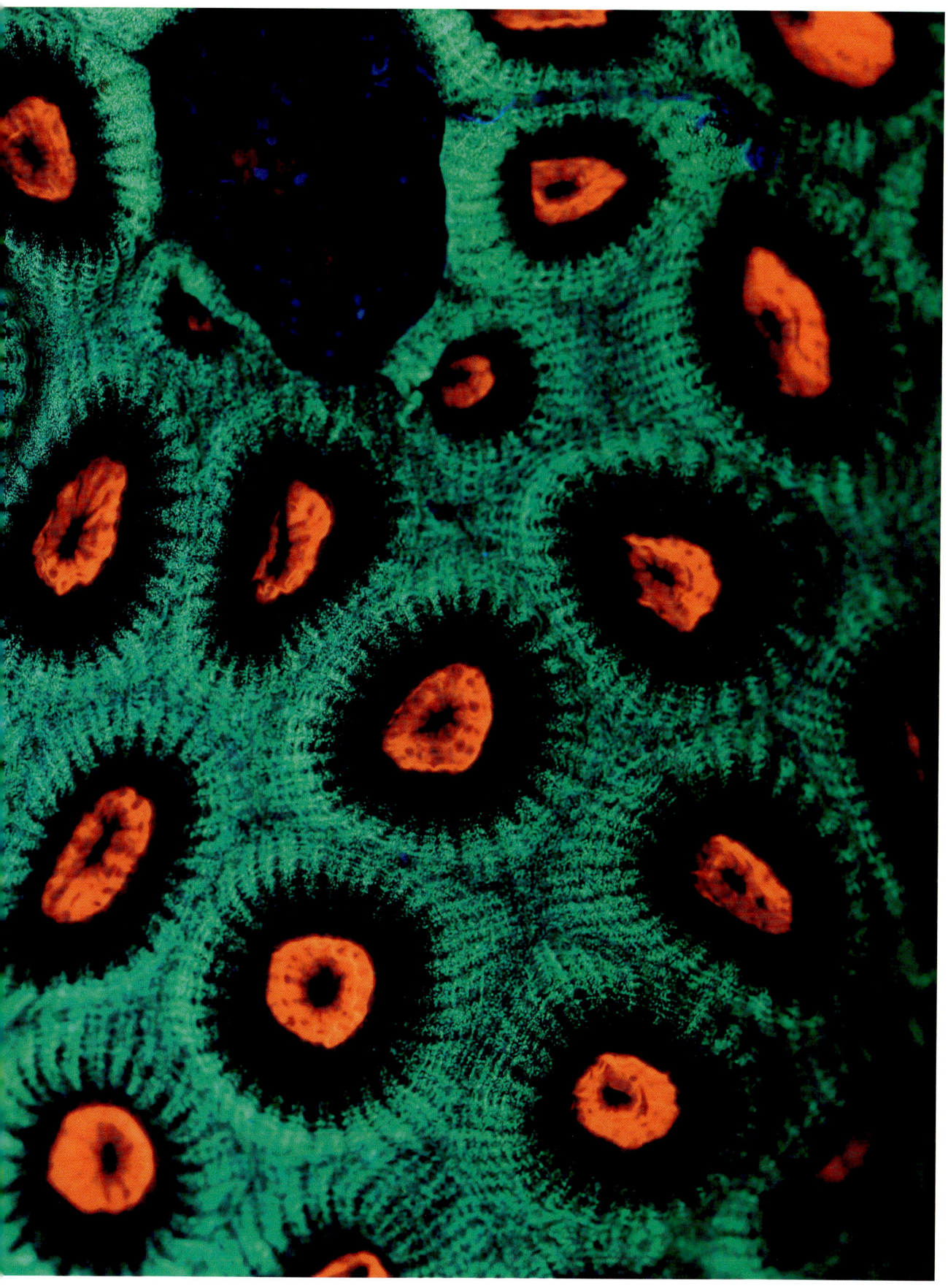

LA SENSIBILIDAD POR ENCIMA DEL ROJO

No distinguimos casi nada por encima de 700 nm, aunque la luz roja lejana (700-750 nm) puede percibirse débilmente si es intensa. Las longitudes de onda más largas (750-1000 nm), los infrarrojos, son invisibles para nosotros, pero no para algunos animales.

Muchos de los organismos de aguas profundas producen luz. Dado que la luz azul es la que más lejos se propaga en mar abierto, casi toda esta bioluminiscencia es de dicho color y la mayoría de los peces de esas zonas tienen un solo pigmento visual sensible a esa parte del espectro. Aun así, algunos peces dragón cuentan con dos órganos luminosos (fotóforo), uno detrás del ojo, que emite la típica luz azul, y otro debajo, que produce luz roja.

Malacosteus niger es un pez que genera bioluminiscencia roja de una longitud de onda de unos 705 nm, cuya intensidad resulta imperceptible para el ojo humano sin la ayuda de cámaras especializadas. Esta luz tampoco la percibe la mayoría de los animales de las profundidades marinas, pues su visión es sensible al azul. No obstante, *M. niger* tiene una retina única que le permite ver su propia bioluminiscencia roja. Por un lado, sus pigmentos visuales están más orientados hacia el rojo; por otro, esta sensibilidad se ve potenciada por un pigmento adicional en sus fotorreceptores: una forma de clorofila derivada de bacterias que es capaz de absorber esta luz roja y activar indirectamente los fotorreceptores mediante la fotosensibilización. A pesar de que este mecanismo solo se ha documentado en *M. niger*, se ha comprobado que es posible inducir sensibilidad a longitudes de onda más largas en otros animales si se les introduce en sus retinas sustancias similares a la clorofila.

Al final, lo que guía el comportamiento de los animales es comer, reproducirse y sobrevivir. La bioluminiscencia roja del pez dragón contribuye a todo esto al proporcionarle una «longitud de onda privada», invisible para las demás especies de las profundidades marinas. Así, puede comunicarse con otros individuos sin ser detectado y, como ocurre con las cámaras de vigilancia IR o los visores utilizados por los humanos, dispone de una iluminación encubierta para realizar una serie de tareas, como cazar sin ser avistado.

MALACOSTEUS NIGER

La mayoría de los organismos que habitan en aguas profundas solo producen bioluminiscencia azul, de modo que este es el único color que perciben. Ahora bien, *Malacosteus niger* emite bioluminiscencia azul desde un fotóforo ubicado detrás del ojo y bioluminiscencia roja a través de otro situado debajo de este último. Aunque el resto de los animales de aguas profundas no pueden detectar la luz roja, *M. niger* puede hacerlo gracias a un pigmento visual, similar a la clorofila, que tiene en su retina. Este pez la aprovecha para iluminar a sus presas o comunicarse sin que otras especies perciban su presencia. Cuando se alimenta, como se indica en la imagen, puede proyectar sus mandíbulas superiores hacia delante con una apertura superior a los 100 grados. Esta capacidad, junto con sus colmillos, le permite capturar presas de hasta más de la mitad de su tamaño corporal.

FOTÓFORO QUE EMITE LUZ AZUL

FOTÓFORO QUE EMITE LUZ ROJA

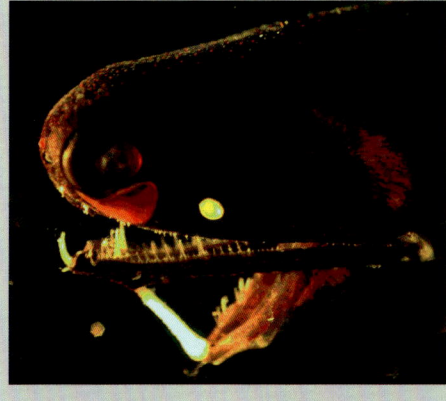

Los peces de agua dulce también perciben el rojo lejano

El color de determinadas aguas naturales varía en función de la cantidad y el tipo de sustancias disueltas y suspendidas que contienen. En la superficie, los animales pueden ver toda la luz solar; ahora bien, a medida que aumenta la profundidad, ciertas partes del espectro se atenúan de forma selectiva (*véase* página 29).

En mar abierto, donde la cantidad de materia en suspensión es relativamente baja, las características espectrales se asemejan a las del agua pura. Entonces, a medida que aumenta la profundidad, se suprimen sobre todo las longitudes de onda largas hasta que solo queda una estrecha región azul (470-490 nm) del espectro. Por ello, la mayoría de los animales de aguas profundas son sensibles a esta luz. En cambio, en las aguas costeras predominan las longitudes de onda intermedias por la clorofila, los sedimentos en suspensión y la materia orgánica disuelta. Esto confiere al agua un tono amarillo verdoso y favorece la presencia de animales con visión adaptada a esas longitudes de onda.

El agua dulce, que puede verse rojiza o marrón por la escorrentía del terreno circundante, deja pasar principalmente longitudes de onda largas. Por ello, muchos animales de agua dulce tienen pigmentos visuales adaptados a este tipo de ondas. Algunos, como ciertos siluros, carecen de fotorreceptores para ondas cortas y solo tienen conos rojos con sensibilidad máxima de 630 nm. Incluso el pez dorado posee un pigmento sensible al rojo, aunque ve otras longitudes. Los peces pulmonados tienen filtros que desplazan la sensibilidad del cono hacia longitudes de onda más largas. En general, muchos peces de agua dulce tienen pigmentos visuales con sensibilidad al rojo que supera en más de 70 nm la del cono humano, más sensible a las longitudes hasta 558 nm, lo que les capacita para detectar la luz roja lejana.

Es curioso que algunos peces, como anguilas y salmones, nazcan en agua dulce con luz de longitud de onda larga, migren al océano azul casi toda su vida y finalmente regresen al agua dulce rojiza para desovar. Sus pigmentos visuales cambian durante estas transiciones, ajustándose a las condiciones lumínicas para mantenerse adaptados al espectro de luz de cada etapa.

PÁGINA ANTERIOR El salmón rojo (*Oncorhynchus nerka*) lucha contra la corriente del río para regresar al lugar donde nació y, así, desovar. Su color cambia del azul océano a un rojo intenso, que actúa como señal de apareamiento.

La percepción infrarroja de las serpientes

Aunque pocos animales pueden ver el rojo lejano con los fotorreceptores de sus ojos, algunos perciben las longitudes de onda infrarrojas (IR) más largas como calor, mediante termorreceptores repartidos por su cuerpo. Esta capacidad está muy desarrollada en murciélagos vampiro y ciertos insectos hematófagos para localizar presas con sangre caliente. Asimismo, los escarabajos del género *Melanophila* pueden detectar incendios forestales a kilómetros de distancia, lo que les resulta útil para depositar sus larvas en árboles recién quemados para que se desarrollen. No obstante, todos estos animales no ven la radiación infrarroja, sino que la perciben como calor. Por tanto, en su caso no puede considerarse un color.

En ciertas serpientes, como boas, pitones y crotalinos, la detección del calor forma parte del proceso visual. Todas las serpientes sensibles al IR cuentan con «órganos de fosetas» en la cara, especializados en captar el calor. Estos órganos están muy bien desarrollados en crotalinos como la serpiente de cascabel. Cada foseta, ubicada entre el ojo y la nariz, forma una hendidura de apenas un milímetro que se extiende por todo su cuerpo y está recubierta por una membrana vascularizada con hasta 7000 terminaciones nerviosas sensibles al calor. Pese a que estos receptores térmicos pueden responder a una amplia franja del espectro, su máxima sensibilidad se sitúa entre los 8000 y los 12 000 nm, y detectan diferencias de temperatura tan pequeñas como 0,001 °C. Este sistema recuerda al mosaico de fotorreceptores retinales de muchos animales. Asimismo, al tener solo una pequeña abertura, la foseta funciona como una cámara estenopeica que genera imágenes térmicas IR, similares a las que producen los ojos de invertebrados como el nautilo. Pese a que estas imágenes son menos nítidas que las del ojo de la serpiente, debido a la baja densidad de receptores y la simplicidad de este sistema óptico, la presencia de una foseta en cada lado de la cabeza permite una visión térmica estereoscópica, útil para localizar y seguir presas o depredadores hasta a un metro de distancia en completa oscuridad. La combinación de las señales de los ojos y fosetas se mezclan en el cerebro para formar una imagen compuesta de banda ancha, que incorpora tanto datos visuales como térmicos y proporciona una «visión» amplia de las longitudes de onda. Por eso, en estas serpientes la radiación infrarroja podría llegar a interpretarse como un color.

PÁGINA SIGUIENTE
La cascabel de pradera (*Crotalus viridis*) es sensible al IR.

PÁGINAS 152-153 El nautilo, emparentado con el pulpo y otros cefalópodos, posee un ojo peculiar y primitivo que carece de cristalino, lo que lo convierte en una especie de cámara estenopeica.

Bioluminiscencia

La bioluminiscencia es la luz visible que producen organismos a partir de reacciones químicas. Es un fenómeno común que ha evolucionado por sí solo alrededor de 40 veces.

La bioluminiscencia se da tanto en organismos terrestres como marinos, aunque casi nunca en agua dulce, y está presente en bacterias, hongos, dinoflagelados, medusas, moluscos, crustáceos, gusanos y peces, pero no en plantas con flores ni en vertebrados terrestres como aves, mamíferos o reptiles. Como esta luz es más tenue que la solar, es más útil en condiciones de escasa iluminación, y aparece sobre todo en organismos activos durante la noche, al atardecer, bajo tierra, en cuevas o en las profundidades marinas. Por tanto, casi siempre pasa desapercibida para los espectadores ocasionales, hasta el punto de que se considera rara. Pero el fondo oceánico representa más del 99 por ciento del espacio habitable del planeta, y allí la mayoría de los seres vivos son bioluminiscentes, así que es mucho más común de lo que solemos pensar.

Según la química, la bioluminiscencia ocurre cuando una molécula emisora de luz, como la luciferina, se oxida en presencia de una enzima, generalmente una luciferasa. Esta reacción puede darse en el exterior o dentro de células, conocidas como fotocitos. En muchos peces y cefalópodos, estos fotocitos están organizados en órganos luminosos llamados fotóforos, que pueden reflejar, filtrar o dirigir la luz. Aunque lo habitual es que el propio animal produzca la luz, en algunos casos, como en el señuelo bioluminiscente del rape abisal, esta es generada por bacterias simbióticas de su cuerpo.

Intentar comprender la química de la bioluminiscencia ha propiciado la fabricación de herramientas moleculares que hoy se utilizan mucho en biología y medicina. De forma más mundana, también se ha usado para conseguir animales domésticos que brillan, como conejos, peces y ratones, e incluso para que las heces de perros se vean por la noche.

La mayor parte de la bioluminiscencia oceánica es azul (*véase* página 147 para la excepción del rojo), pero en tierra también puede ser verde, amarilla o naranja. Los animales deben asegurarse de evitar a los depredadores, alimentarse y reproducirse, así que la bioluminiscencia puede ayudarlos a todas estas cosas, pero no hay pruebas experimentales que confirmen muchas de estas funciones.

El hongo fantasma (*Omphalotus nidiformis*) es un basidiomiceto con branquias que destaca por sus cualidades bioluminiscentes.

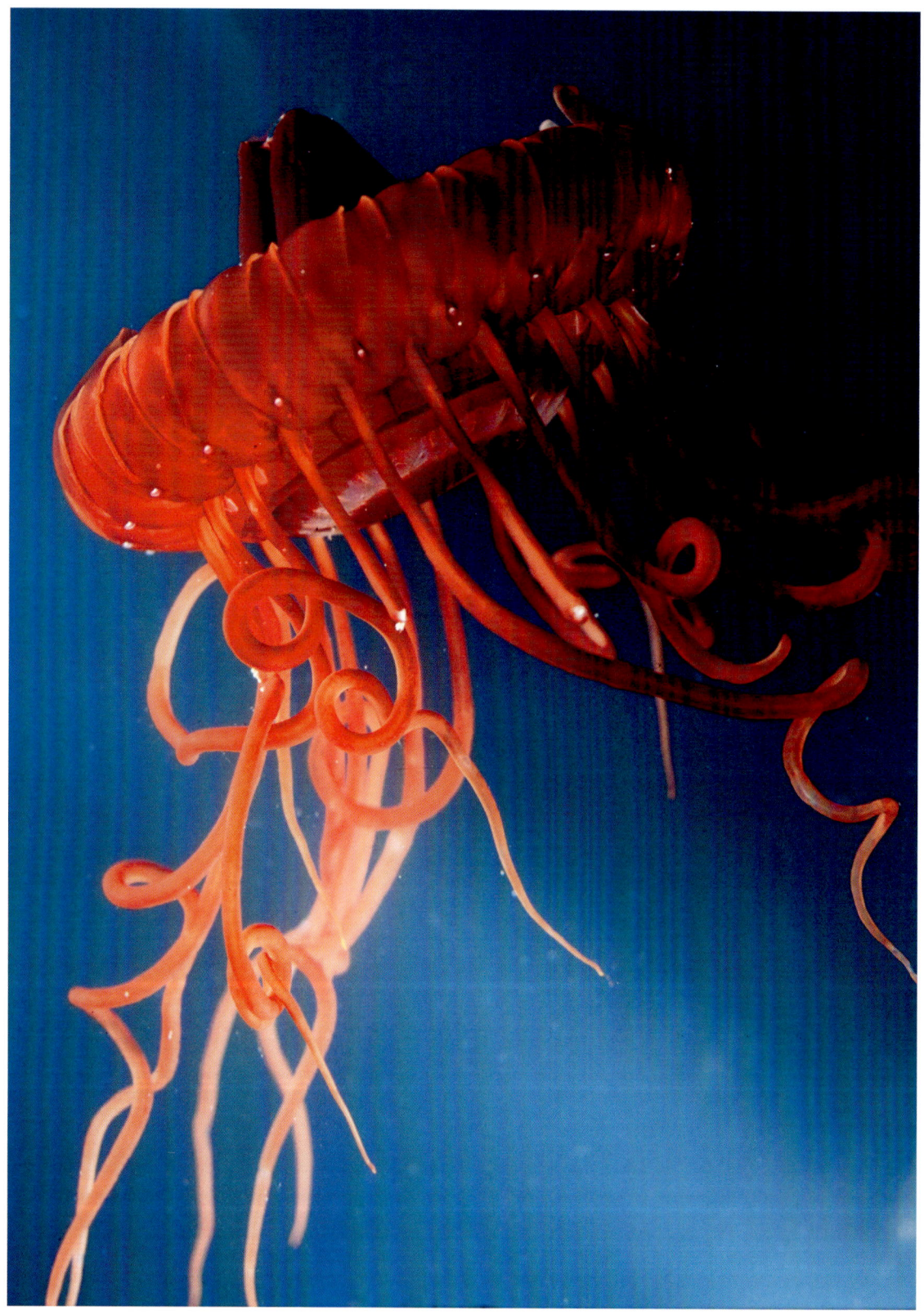

Las luces de las profundidades: defensa

Durante el mediodía, incluso en aguas más claras, la luz solar no atraviesa más de 1000 m de profundidad, por lo que es imposible ver. Aunque la profundidad media del océano es de 3,7 km y en su punto más hondo alcanza hasta unos 11 km, muchos animales abisales cuentan con ojos grandes y funcionales. A tales profundidades, y a mucha menos profundidad durante la noche, lo único visible es la bioluminiscencia, que casi siempre es azul debido a que es la que más lejos se desplaza por el agua del océano.

En mar abierto no hay dónde esconderse, así que muchos animales intentan volverse invisibles mediante la transparencia, color plateado o mimetismo por medio de tonalidades oscuras. No obstante, cuando se los mira desde abajo, especialmente a los peces con ojos orientados hacia arriba, aparecen como siluetas oscuras sobre cualquier luz solar residual. Por ello, varios peces, cefalópodos y crustáceos poseen fotóforos ventrales (parte inferior del cuerpo), que emiten una luz que iguala la intensidad, color y distribución angular de la luz solar incidente, camuflándose mediante contracoloración (*véase* página 202). El caso más curioso es el del pez cabeza transparente, de cuerpo alargado y aplanado como si fuera una barra de chocolate, cuya amplia superficie ventral queda oculta gracias a la bioluminiscencia azul de un órgano bioluminiscente situado en su región rectal.

La bioluminiscencia también puede contribuir a eludir depredadores. Por ejemplo, si un animal emite un destello breve y resplandeciente cuando le atacan, puede asustar al depredador. Al igual que los cefalópodos de aguas poco profundas expulsan tinta negra (algo que no funcionaría en las profundidades), algunos animales de aguas profundas, como gambas, liberan nubes de secreciones luminosas más duraderas para escapar. También se ha propuesto que la luz emitida durante el ataque podría actuar como una alarma antirrobo que atrae a los depredadores del organismo que le ataca. Por último, un uso defensivo singular podría darse en los tiburones negritos, que poseen espinas dorsales rígidas, traslúcidas y defensivas que se iluminan en el lomo para advertir a los depredadores de que no se metan con el «sable de luz» potencialmente peligroso que porta este tiburón.

Las luces de las profundidades: ataque

La bioluminiscencia puede ayudar a las criaturas de las profundidades a la hora de capturar presas. Los grandes «faros» que cubren la parte frontal de la cabeza en algunos peces linterna podrían servir para iluminarlos, al igual que los órganos luminosos situados bajo los ojos de *Malacosteus niger* (*véase* página 147). Las hembras de rape abisal tienen una espina dorsal alargada con un señuelo luminoso en el extremo (esca), que cuelga delante de su boca y atrae a peces más pequeños. Los puntos incandescentes de los tentáculos de algunos cefalópodos también pueden atraer presas.

Los tiburones cigarro parecen atraer a sus víctimas mediante una variación de la estrategia de camuflaje contracoloración, lo que explicaría por qué esta especie relativamente pequeña puede arrancar a mordiscos (¡dejando una marca similar a la quemadura de un cigarro!) partes del cuerpo de animales mucho más grandes y veloces. Al igual que otros peces de aguas profundas, su superficie ventral está cubierta de fotóforos que reflejan luz azul, excepto una zona oscura situada debajo de la boca. Si una especie de mayor tamaño la observa desde abajo, esta área oscura puede parecer el contorno de una posible presa; sin embargo, cuando se acerca, acaba siendo atacada por este tiburón.

En definitiva, la bioluminiscencia es la forma más efectiva que tienen los animales para comunicarse en las profundidades oceánicas. El ritmo, duración o patrón de las luces pueden significar algo para determinados animales. Por ejemplo, el diseño de fotóforos del cuerpo de los peces linterna varía según la especie, y es la principal forma de identificarlos para los biólogos. ¿Tal vez puedan reconocerse entre sí de la misma forma? Algunos animales, como copépodos, gambas, cefalópodos y peces, distinguen a machos y hembras según la posición y tamaño de los fotóforos, lo que da lugar a distintas intensidades o patrones de luz entre ambos sexos y sugiere que la bioluminiscencia interviene en el apareamiento. Asimismo, los señuelos de las hembras de rape abisal difieren en cada especie y podrían utilizarse para atraer a los machos de tamaño inferior. Es fundamental que no se equivoquen, ya que pasan el resto de su vida unidos a ellas y degeneran hasta quedar reducidos a un par de gónadas. En aguas menos profundas, algunas luciérnagas marinas (ostrácodos) y gusanos de fuego desprenden nubes de luz como cortejo. ¡Muchos animales practican el sexo con las luces encendidas!

PÁGINA SIGUIENTE El pez *Bufoceratias wedlii* utiliza bacterias bioluminiscentes que recoge en el extremo de su señuelo para atraer a sus presas. Aquí, el señuelo está colocado hacia atrás sobre su cabeza y no frente a su boca cavernosa.

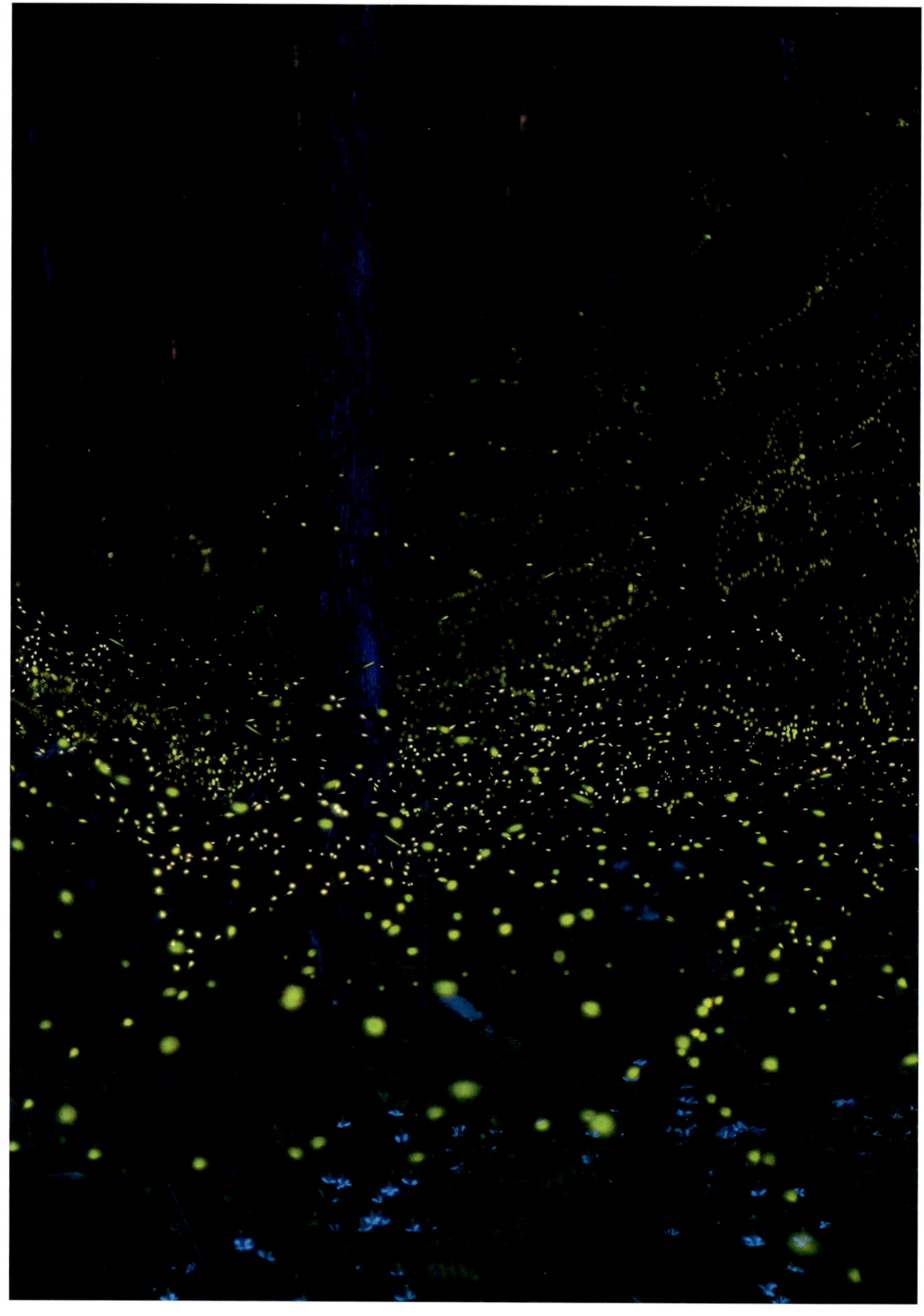

Las luciérnagas y los gusanos de luz

Aunque parezca extraño, las luciérnagas y los gusanos de luz no son ni moscas ni gusanos. Los adultos de una familia de lampíridos productores de luz (Lampyridae) suelen denominarse luciérnagas, mientras que las fases larvarias y las hembras adultas sin alas de algunas especies reciben el nombre de gusanos de luz por su forma alargada. En ambos casos, la bioluminiscencia se produce en un par de fotóforos en la parte ventral de los segmentos posteriores del abdomen.

Como puede que la luz atraiga a los depredadores, se cree que, cuando los escarabajos desarrollaron esta capacidad hace unos 200 millones de años, su función era advertir a los atacantes de que les resultarían repugnantes, igual que los colores brillantes de algunas ranas venenosas (aposematismo). Más tarde, los adultos comenzaron a usar la luz para atraer a sus parejas.

PÁGINA ANTERIOR
Luciérnagas (*Luciola cruciata*) volando durante la noche, Nichinan, Tottori, Japón.

En Europa, la hembra de luciérnaga común europea no puede volar y, al inicio del verano, trepa de noche a una brizna de hierba, orienta hacia arriba su parte trasera, que brilla de forma constante, y la agita de lado a lado para que el macho, que sí vuela pero no es bioluminiscente, pueda encontrarla fácilmente.

Por el contrario, el cortejo de las luciérnagas *Photinus pyralis*, comunes en Norteamérica, es más sutil. Consiste en un intercambio de destellos entre el macho y la hembra, en un complejo diálogo característico de cada especie, en el que los destellos de un sexo requieren una respuesta concreta del otro. Por lo general, el primero en parpadear es el macho y la hembra le responde. Igualmente, los destellos pueden diferenciarse entre especies por su color, intensidad, ritmo y duración, así como por los patrones de luz que forman en el aire, resultado de movimientos específicos durante el vuelo. De esta forma, cada especie solo intenta aparearse con miembros de su propia especie (*véase* página 169).

En ocasiones, miles de luciérnagas macho parpadean al unísono, creando espectáculos de luz impresionantes que se propagan por la población como una ola durante un partido de fútbol. Estas exhibiciones masivas incrementan las probabilidades de apareamiento, aunque no se sabe cómo lo logran.

Aunque la función principal de la bioluminiscencia en luciérnagas y gusanos de luz es cortejar, a veces puede servir para resaltar ante una presa. Por ejemplo, algunas luciérnagas «femme fatale» (*Photuris*) imitan los destellos de las hembras de otras especies para atraer a sus machos hacia la muerte.

4 La evolución de los colores

INTRODUCCIÓN

En este capítulo profundizaremos en cómo se utiliza el color para relacionarse, luchar y sobrevivir; además, analizaremos el conflicto entre querer ser visto sin llamar la atención y encontrar comida evitando a los depredadores. Estos aspectos de la vida animal son los que impulsan la evolución del color.

Las especies que quieren destacar, como el pavo real con esa cola chillona o la araña pavo real al cortejar al sexo opuesto, están pensadas para ser vistas. La evolución las ha perfeccionado para ser lo más llamativas posible, pero a la hora de escapar, ambas pueden esconder sus colores rápidamente.

Si un animal no consigue que sus colores sean lo bastante llamativos y brillantes, no resultan atractivos a una posible pareja frente al individuo de la misma especie. Asimismo, si su camuflaje no se integra lo suficiente con el entorno, mueren y acaban siendo devorados por depredadores o fracasan en el intento de reproducirse. Los colores que vemos hoy en día son el resultado de un proceso continuo de refinamiento evolutivo.

Aunque parezca sorprendente, algunos colores naturales pueden ser invisibles para quienes los emiten. El caso más evidente es el de las plantas, cuyos colores han evolucionado para atraer a los ojos de polinizadores como las abejas. También están los círculos azules y amarillos del pulpo mayor de anillos azules, que son imperceptibles para el propio pulpo daltónico. Un pariente lejano, los nudibranquios, son babosas marinas sin sentido del color debido a sus ojos primitivos, pero forman uno de los grupos animales más pintorescos conocidos. Sus colores intensos cumplen una función de advertencia (aposemática) dirigida a animales con visión cromática, sobre todo vertebrados como peces y, a veces, humanos. El pulpo tiene una mordedura venenosa, mientras que muchos nudibranquios liberan sustancias químicas nocivas, incluso toxinas, a través de la piel, o emplean células urticantes tomadas de otros organismos. En estos casos, la evolución ha orientado el mensaje del color brillante hacia el receptor, no hacia el emisor.

Cuando el objetivo es el apareamiento, distinguir bien los colores cobra importancia, ya que requiere una evaluación de calidad, a menudo ligada al brillo o intensidad del color. En las aves, los tonos amarillos, naranjas y rojos reflejan una buena alimentación, así que esas tonalidades actúan como señales fiables para determinar si un individuo es una pareja adecuada.

Pavo real (*Pavo cristatus*).

¿QUÉ ES LA ECOLOGÍA VISUAL?

Los ojos evolucionaron en entornos concretos y se han adaptado a las necesidades específicas de cada especie. La ecología visual es el campo que estudia todo esto.

La ecología visual estudia la relación entre las adaptaciones evolutivas de los ojos y la forma en que estas capacitan a los animales para desenvolverse en su entorno. Los retos visuales que plantea ese entorno son la luminosidad, los colores predominantes, la estructura espacial y muchos otros factores que afectan a las características del sistema óptico de un animal.

La ecología visual de cada especie abarca tanto su percepción del color como su ausencia. La mayoría de los animales tienen visión cromática, determinada por su ecosistema. Para el ojo humano, la piranga roja resalta como un faro sobre el fondo marrón y verde del paisaje silvestre o boscoso, pero la mayoría de los mamíferos carecen de conos sensibles al rojo, por lo que no distinguen entre verde y rojo (*véase* página 82). Las criaturas más interesadas en ese pájaro paseriforme, sin embargo, son otras pirangas rojas, es decir, los machos están atentos a posibles competidores, mientras que las hembras evalúan o vigilan a sus parejas.

Las aves tienen una excelente visión cromática, así que una hembra de piranga no tendría ninguna dificultad en detectar al macho, aunque quizá quiera averiguar más cosas. Para valorar si una pareja es apta, comprobará el estado de su plumaje, incluida la calidad de su coloración roja de carotenoides. Así pues, necesita determinar la luz del entorno (rayos blancos), el contraste de color con el fondo (rayos verdes) y el tono rojo que reflejan las plumas del macho (rayos rojos); solo entonces podrá decidir si es el candidato adecuado. Resulta menos obvio que la coloración del macho y las características del sistema óptico del color de la hembra deben estar coordinadas, de modo que esa evaluación sea precisa y eficaz.

Las pirangas no solo observan a sus parejas y competidoras con los ojos, sino que gestionan muchas otras tareas visuales para sobrevivir. Los sistemas ópticos de todos los animales que ven afrontan los mismos desafíos.

PERCEPCIÓN DEL ROJO

Un cardenal norteño macho posado en un árbol. El diagrama (superior) muestra cómo una hembra, cuyo color blanco es inusual, podría evaluar el atractivo de este macho según su percepción de la iluminación del entorno, el fondo y la intensidad de su coloración.

Señales mediante colores brillantes

Una hembra de luciérnaga (*Lamprohiza splendidula*) muestra su bioluminiscencia.

Tres especies de luciérnagas de Norteamérica ilustran cómo varían los colores de sus linternas bioluminiscentes. De izquierda a derecha: *Photuris pensylvanicus* (verde), *Photinus scintillans* (naranja) y *Photinus pyralis* (amarillo).

La luz del amor

Las luciérnagas que parpadean durante la noche ofrecen un espectáculo encantador, casi mágico (*véase* página 161), pero no buscan parecer bonitas, sino que ese destello indica que quieren aparearse. Normalmente, el macho vuela mientras emite destellos para atraer a una hembra. Si esta es receptiva, responde desde la vegetación tras un intervalo cronometrado con precisión.

Cada especie de luciérnaga se especializa, además de en su hábitat, en el momento, lugar y patrón de sus destellos, ya sea con una chispa, una caída en picado, una secuencia de flashes o combinaciones de puntos y rayas. También varía el color del destello según su ecología visual. El diminuto *Photinus scintillans* emite un destello naranja en la hierba al atardecer, incluso antes del ocaso; ese color contrasta con la luz azul del cielo y el verde de la hierba. Después del crepúsculo, aparece *Photinus pyralis* con un destello amarillo en forma de J, perceptible tanto bajo el cielo en sombra como en el follaje oscuro donde se posa la hembra. Más avanzada la noche, empiezan a parpadear especies de la gran luciérnaga *Photuris*, que habitan en lo alto de los árboles del bosque y emiten una luz verde neón brillante.

Del mismo modo que varían sus colores bioluminiscentes, también lo hace la visión de cada especie. Los fotorreceptores de *Photinus scintillans* responden a la luz amarilla, pero están cubiertos por un filtro rojo que los ajusta a percibir el destello naranja. La visión de *Photinus pyralis* está filtrada hacia el amarillo, ideal para captar su propio brillo. Estos filtros disminuyen la sensibilidad visual, pero aportan un contraste primoridal. Las luciérnagas nocturnas *Photuris* no tienen filtro rojo, lo que aumenta la sensibilidad a la luz verde, que vuelve a coincidir con su destello. En la oscuridad, la única luz que se ve en los árboles es el parpadeo de su especie. Este destello no es solo una señal, sino un señuelo. Las depredadoras *Photuris* atraen a los machos de otras luciérnagas, no para una cita, sino para cenar.

La similitud tan precisa entre la señal del destello y la sensibilidad visual de las luciérnagas ejemplifica extraordinariamente la evolución ecológica visual.

ENCONTRAR COMIDA VEGETARIANA

Los carnívoros tienen una visión aguda, detectan mejor
el movimiento y, a menudo, son hábiles para la caza nocturna.
Pero ¿y los vegetarianos? Para ellos, el color suele ser decisivo.

Los vínculos entre abejas y flores son bien conocidos: las primeras obtienen
néctar y polen para sus colmenas, mientras que las segundas logran un medio
de transporte que facilite la polinización cruzada. No siempre fue así, ya que
las primeras plantas dependían del azar y del viento para transportar el polen.
Entonces, los insectos y otros animales descubrieron que el polen y las semillas
eran nutritivos, y empezaron a alimentarse de esas estructuras. Hace unos
120 millones de años, en un breve período evolutivo, las plantas se especializaron
en atraer a los polinizadores alados mediante néctar, colores vivos y formas
distintivas en sus estructuras reproductivas. A su vez, las abejas se adaptaron
para localizar estas primeras flores y alimentarse de ellas.

Podríamos pensar que la visión cromática de las abejas evolucionó para
localizar flores, pero no es así. Su visión, como la de muchos insectos, se basa
en tres receptores (UV, azul y verde), y esta capacidad apareció mucho antes
que las flores. Las plantas con flores (angiospermas) surgieron después que los
insectos, así que sus colores evolucionaron para aprovechar un sistema óptico
ya existente. Los colores de las flores y su habilidad para atraer polinizadores
se desarrollaron adaptándose a esta visión previa.

La selección natural «reconoce» cuándo una innovación floral tiene éxito,
así que los colores se diversifican rápidamente para atraer a las abejas. Esta
diversidad es crucial, porque cada flor manifiesta su identidad mediante color
y forma, que las abejas aprenden al instante. Además, muchas otras especies,
como moscas y mariposas, también las frecuentan. Al tener ojos compuestos,
su visión cromática es similar a la de las abejas y, por ende, también encuentran
atractivos los colores de una flor.

Uno de los aspectos de la pigmentación de las flores es evidente para
las abejas pero invisible para nosotros, debido al contraste y patrón ultravioleta
(*véase* página 123). No todos sus colores están destinados a atraer a los insectos;
por ejemplo, los murciélagos también polinizan unas 500 especies florales en
todo el mundo. Con frecuencia, estas flores son blancas para resaltar de noche
y muchas emiten un olor acre que facilita su localización en la oscuridad.

Murciélago alimentándose de una flor de plátano. Muchas de estas flores son blancas o amarillo claro para resaltar entre los animales con visión nocturna, como el murciélago, que aparte de ver bien con escasa luz y posiblemente distinguir los colores, es conocido por su capacidad para emitir sonidos.

Los primates y las frutas

En comparación con otros animales, la visión cromática humana no tiene nada de especial, pero sí lo tiene entre los mamíferos, porque lo habitual es que solo tengan dos tipos de conos (azul y verde). Algunos, como los delfines, solo tienen uno; otros, como las ratas topo o armadillos, ni siquiera cuentan con fotorreceptores. Por eso, la mayoría de los mamíferos tienen una percepción muy limitada del color.

Los primates son una excepción. Muchas especies son tricrómatas y una de las cosas para las que sirve este tipo de visión es para distinguir las frutas maduras y hojas jóvenes, que suelen ser rojas, amarillas o de otros colores que contrastan con el verde del follaje del bosque.

Las frutas ya mostraban estos colores de longitudes de onda largas antes de que existieran los mamíferos, pero las aves, al poseer una visión tetracromática, podían percibirlos claramente. En cambio, los mamíferos dicrómatas no podían ver estas señales. A lo largo de la evolución, la percepción del color ha fluctuado, porque el número de fotorreceptores aumenta o disminuye según el hábitat, el comportamiento, su supervivencia y las ventajas que otorguen. La reaparición del receptor rojo en algunos mamíferos, como los primates, es un ejemplo de esta adaptación evolutiva.

Entre las distintas especies de primates, e incluso entre sexos, se observan diferencias en la percepción del color (*véase* página 100). En los monos de América Central y del Sur, como los monos araña, los machos siguen siendo dicrómatas, pero algunas hembras, que deben recolectar fruta, han desarrollado una visión tricromática y pueden distinguir rojos, naranjas y amarillos del verde.

Otro grupo de mamíferos, totalmente distinto al anterior, ha desarrollado una visión tricromática de forma independiente. En Australia, ciertas especies de marsupiales, como falangeros mieleros y ratones marsupiales de cola gruesa, tienen conos sensibles al ultravioleta, verde y rojo. Pese a que no se sabe por qué surgió este sistema óptico tan inusual, destaca que, a diferencia de los primates, estos mamíferos sí perciben el ultravioleta y que su bioquímica visual es muy distinta. Aun así, demuestra que algunos mamíferos han superado sistemas visuales simples.

PÁGINA ANTERIOR Falangero mielero (*Tarsipes rostratus*) alimentándose de noche de su néctar de su arbusto preferido, *Calothamnus quadrifidus*, Parque Nacional Peak Charles, Australia.

PÁGINAS 174-175 Macho pueril de gorila occidental de llanura en Hokou, reserva natural de Dzanga Sangha, República Centroafricana.

EL COLOR Y EL SEXO

En el reino animal, la percepción de los colores ha evolucionado junto con su uso y los patrones para distinguir entre sexos, mostrar la valía sexual y escoger la mejor pareja.

En muchas especies de aves, los machos exhiben plumajes llamativos, desde el ultravioleta hasta el rojo, para cortejar a las hembras. Por el contrario, las hembras suelen presentar tonalidades más uniformes, de color marrón y gris, que las mimetiza con el entorno y quizá con los nidos que custodian. Esta diferencia de pigmentación entre sexos, conocida como dimorfismo sexual, es común en numerosos animales terrestres y acuáticos, aunque no se limita únicamente a los vertebrados.

La mariposa ícaro recibe su nombre por el azul brillante de los machos, mientras que las hembras son gris parduzco. En muchas mariposas también hay dimorfismo en la percepción, puesto que las hembras suelen distinguir mejor los colores para elegir a las parejas más atractivas. En los escarabajos *Hopliini* ocurre algo similar: los machos destacan por sus colores vivos y por los dibujos de su pigidio, la parte posterior del caparazón, que muestran mientras se alimentan en las flores. Sin embargo, las hembras parecen indiferentes a estos detalles, pues son los propios machos quienes compiten entre sí exhibiendo estas partes traseras. Por lo tanto, el color también influye en la evolución del comportamiento reproductivo en distintas especies.

Como ocurre en la naturaleza, las apariencias engañan. Muchas especies con dimorfismo del color han desarrollado estrategias para engañar o incluso cambiar de sexo. Este fenómeno está generalizado en peces, donde el cambio depende de diversos factores, entre ellos la abundancia de individuos del otro sexo o del éxito reproductivo. Las hembras, que cuidan los huevos, suelen camuflarse, mientras que los machos, al ser más notables, son más vulnerables. La sepia gigante australiana (*Sepia apama*) también emplea esta táctica para reproducirse. Los machos más pequeños, como son incapaces de competir con los dominantes de mayor tamaño, cambian su coloración para parecer hembras, algo que las sepias pueden hacer de forma reversible. De esta manera, se acercan sin levantar sospechas a las hembras, que los aceptan como si fueran compañeras, para después reproducirse mediante un abrazo fecundador.

Una pareja de patos mandarines (*Aix galericulata*). Los machos de muchas aves despliegan plumas coloridas para mostrar su fortaleza e impresionar al sexo opuesto. Las hembras adoptan colores más discretos para evitar la mirada de los depredadores mientras incuban los huevos.

PÁGINA 178 Pez payaso granate (*Amphiprion biaculeatus*) dentro de la anémona en la que habita. Muchos peces payaso tienen marcas blancas que reflejan luz UV y que utilizan para indicarse entre sí su capacidad para luchar.

PÁGINA 179 Macho de sepia gigante australiana (*Sepia apama*) durante la época anual de apareamiento. Los machos más pequeños evitan competir contra otros y logran un «apareamiento furtivo» al «disfrazarse» para parecer una hembra.

LAS FUNCIONES COMBATIVAS DEL COLOR

Los animales suelen recurrir al color y patrones corporales para indicar cuán fuertes son, pues los tonos más oscuros y saturados denotan una mayor fortaleza.

Las avispas papeleras hembra presentan manchas negras en la cara, cuyo número, forma y disposición indican su fuerza para luchar. En la colonia, las avispas reconocen las marcas de cada individuo y, cuando una avispa más débil aparenta ser más fuerte pintándose manchas en la cara, las hembras dominantes y de mayor tamaño la castigan por hacer trampas. Todo indica que estas avispas son capaces de interpretar con precisión las señales faciales y comprenden la supremacía social que estas conllevan.

Estas marcas faciales oscuras que reflejan la posición social también se observan en ambos sexos del pez cíclido princesa de Burundi. En el caso de esta especie, los peces pueden modificar la intensidad de la franja oscura que atraviesa el rostro al cambiar las células pigmentarias. Si se enfrentan a un oponente más fuerte, aclaran esta línea en señal de sumisión para evitar un conflicto directo.

Las zonas negras del plumaje de las aves, como el borde de la garganta del gorrión común y otros pequeños paseriformes de todo el mundo, incluidos los jilgueros lúganos, también funcionan como indicadores de fuerza o estatus. La superficie que cubre la garganta negra indica la capacidad combativa y el dominio entre los machos del grupo. Además, refleja la condición física y, por tanto, puede influir en la elección de pareja de las hembras.

Estas supuestas insignias de estatus no se limitan a los animales adultos. Las rayas «blancas» de los peces payaso, por ejemplo, no solo reflejan con intensidad todo el espectro visible para los humanos, sino también el ultravioleta. Esta señal UV indica el estatus social del pez, aunque de forma inversa a lo esperado, debido a que los peces dominantes reflejan menos luz UV (lo que hace que el UV sea más oscuro) que los subdominantes. Aquellos más jóvenes y recién llegados al grupo muestran una señal UV más intensa y una raya blanca adicional en la cola, que agitan ante los peces grandes como señal de sumisión. Así, emplean la «bandera blanca» para evitar conflictos.

Las avispas papeleras (*Polistes dominula*) emplean marcas faciales negras para indicar su fuerza y posición social.

Colores tóxicos

En la naturaleza, algunos animales más diminutos resultan tóxicos o desagradables al ser ingeridos e incluso mordidos. Los escarabajos, las ranas y las babosas marinas, como los nudibranquios y pequeños peces de arrecifes o ríos (todos ellos animales que podrían ser presas fáciles para los pájaros o peces que nadan por el fondo marino), recubren su piel con sustancias químicas, incluidas algunas toxinas, cuyo sabor resulta repugnante. Puede que en algún punto de la evolución o durante el ciclo de vida un depredador intentara comérselos, así como digerirlos, y, tras experimentar el mal sabor, los escupió y evitó repetirlo. Los animales que sobrevivieron continuaron luchando gracias a que utilizan el color como un recordatorio de esta aprensión. Los llamados colores aposemáticos sirven para enseñar a los depredadores a no repetir ese error.

Los dendrobátidos, unas ranas dardo de América Central y del Sur, son un ejemplo claro de especies terrestres que usan la coloración aposemática. Bajo el océano, los nudibranquios, babosas de mar y peces como el pez globo también poseen toxinas en la piel. Lejos de esconderse, exhiben sus colores brillantes, desafiando a cualquier depredador que intente entrar en contacto con ellos o morderlos. La rana dardo dorada (*Phyllobates terribilis*) de Colombia es tan tóxica que tocarla puede ser letal. Las comunidades indígenas lo saben bien: aprovechan estas toxinas en la punta de dardos y flechas para cazar en la selva tropical, una práctica que demuestra cómo el conocimiento ecológico tradicional puede surgir del reconocimiento visual y la experiencia con los colores y señales del entorno.

Aunque no se muevan con rapidez ni salten a la vista como otros animales, algunas babosas de mar lentas, como los nudibranquios (cuyo nombre significa «branquias desnudas»), no pasan menos desapercibidas por su coloración. A diferencia de sus parientes cercanos, optan por mostrar colores brillantes que advierten de su toxicidad. Su defensa consiste en destacar. Algunas especies transfieren toxinas a su mucosa a partir de las esponjas marinas que consumen. Otras incorporan células urticantes, llamadas nematocistos, que obtienen de anémonas y corales que forman parte de su dieta. De este modo, pueden dirigir el aguijón contra posibles depredadores sin necesidad de producirlo, convirtiendo lo que comen en un sistema defensivo altamente eficaz.

PÁGINA ANTERIOR
La godiva anaranjada (*Dondice banyulensis*) es un nudibranquio que obtiene sus toxinas al comer cnidarios, y las almacena en los llamativos cirros (tentáculos) que le cubren el cuerpo.

PÁGINA 184 Rana flecha roja y azul (*Oophaga pumilio*), Estación Biológica La Selva, Costa Rica.

PÁGINA 185 Rana dardo verdinegra (*Dendrobates auratus*).

EL CAMUFLAJE

Esquivar a los depredadores o presas mimetizándose con los colores y patrones del entorno es solo una de las formas de camuflarse, de esconderse a plena vista.

Muchas presas potenciales cuentan con mecanismos de defensa. Por un lado, algunas son tóxicas para quienes las ingieren y suelen advertírselo con colores intensos. Por otro, otros muchos animales logran sobrevivir gracias a que son difíciles de detectar. Incluso ciertos depredadores se esconden para aumentar sus posibilidades de cazar sin ser detectados. Una forma de camuflarse consiste en parecerse al entorno aunque, en realidad, siga estando a simple vista.

El camuflaje ha sido clasificado de múltiples formas por los expertos. En ocasiones, al ver a un animal fuera de su entorno, parece que intenta destacar en lugar de ocultarse. Sin embargo, se reconocen cuatro tipos principales: mimetismo, combinación con el fondo, coloración perturbadora y camuflaje disruptivo. Estas estrategias no son excluyentes; muchas especies combinan varias simultáneamente o las adaptan según el contexto para maximizar su efecto protector frente a posibles amenazas.

La combinación con el fondo y el mimetismo consisten en lo que parecen: los animales adoptan colores y patrones similares a los del entorno inmediato o a objetos específicos que allí se encuentran. En el mar abierto, el fondo puede ser una masa azul uniforme, mientras que en arrecifes o bosques, los animales deben imitar estructuras complejas. Las ranas verdes o saltamontes adoptan el color de las hojas; una polilla carpintera se camufla con la corteza del árbol. En estos casos, el camuflaje por patrones puede implicar pequeñas alteraciones visuales que distorsionan los contornos y dificultan su detección. Esto convierte al camuflaje en una poderosa herramienta evolutiva para la supervivencia.

En cuanto al mimetismo, los animales no pretenden parecerse tanto al fondo genérico, sino a los elementos que, en general, se encuentran en ese entorno, ya sea una hoja o rama, para que puedan ser vistos, pero no reconocidos. A veces, el mimetismo hace que el animal resulte poco atractivo, así como insulso; otras veces, lo convierte en algo peligroso, tóxico de ingerir o incluso venenoso. Existen moscas que pueden «disfrazarse» de avispas y orugas, que se camuflan con los excrementos de pájaros o hasta de serpientes.

Un insecto hoja gigante (*Phyllium giganteum*) imita el aspecto de una hoja para acercarse con sigilo a sus presas más pequeñas y evitar la mirada atenta de sus depredadores.

¿Me prestas tus colores?

Las babosas marinas nudibranquias se defienden siendo, al mismo tiempo, coloridas y tóxicas o de sabor desagradable. Su intensa coloración aposemática actúa como advertencia para disuadir a posibles depredadores. Es un mecanismo de supervivencia muy eficaz. Otros animales también lo utilizan imitando los colores y patrones de los organismos tóxicos. Pese a que no tengan mal sabor, logran parecerse a otros que sí lo tienen, a veces parientes cercanos, y consiguen el mismo efecto: ser evitados. Engañan a sus depredadores visualmente sin necesidad de ser peligrosos.

Entre las babosas de mar, existen nudibranquios engañosos con manchas rojas que imitan a otros más tóxicos. Resulta sorprendente que un animal sin visión cromática y que solo cuenta con fotorreceptores simples que detectan la luz y la oscuridad haya aprovechado el color y los patrones para indicar que es nocivo o parecerlo. La evolución ha hecho que estos animales conozcan cómo perciben el color sus posibles depredadores.

También en el entorno marino, algunas especies como los peces globo resultan venenosas. El *fugu*, por ejemplo, es un manjar en Japón que puede ser mortal si no se prepara bien. En los arrecifes de coral, el tamborín rayado de Valentín almacena tetrodotoxina, una potente neurotoxina, en su piel. Es la misma que se encuentra en el pulpo de anillos azules. Sus señales visuales, junto con sus comportamientos, son imitados por otros peces, como el falso tamborín (*Paraluteres prionurus*), que fingen ser venenosos sin serlo.

Ya en tierra firme, la mariposa monarca es conocida por sus migraciones de larga distancia a través de Norteamérica y por tener un sabor desagradable para los depredadores. En cambio, la mariposa virrey sí es comestible, pero copia su coloración para engañar y ahuyentar a los depredadores.

Las serpientes también emplean el mimetismo, aunque no para parecer repulsivas al gusto, sino venenosas. La falsa coralillo real escarlata no es venenosa, pero imita a la venenosa serpiente coralillo del noreste. Pese a que parece inofensiva, su aspecto engaña. Sin embargo, muchos animales no se arriesgan y evitan ambas. La imitadora confía en este margen de duda para protegerse, esperando que sus depredadores duden lo suficiente como para no atacarla.

PÁGINA ANTERIOR La falsa coralillo real centroamericana (*Lampropeltis abnorma*), al igual que la falsa coralillo real escarlata, no es venenosa, pero adopta los colores de advertencia de las emparentadas serpientes coral, que sí lo son. Este fenómeno se conoce como mimetismo batesiano.

PÁGINA 190 Cigarra casi camuflada a la perfección sobre la corteza.

PÁGINA 191 El caballito de mar pigmeo de Bargibant (*Hippocampus bargibanti*) se mimetiza casi al completo entre sus gorgonias.

Coloración perturbadora y camuflaje disruptivo

La coloración perturbadora y el camuflaje disruptivo también forman parte de los distintos camuflajes. En estos casos, el animal puede parecer, a simple vista, que intenta destacar, bien sea con rayas atrevidas, diversos patrones o simplemente parecer raro.

El camuflaje disruptivo usa colores y patrones para alterar el contorno del cuerpo del animal o disimular algunos de sus rasgos; por ejemplo, un pez puede ocultar el ojo trazando una línea que lo atraviesa. Otros animales, como polillas, serpientes, lagartos o peces, presentan patrones tan complejos que resulta difícil distinguir dónde termina su cuerpo y dónde empieza el entorno. En este sentido, estos animales se asemejan a Picasso en su etapa cubista, aunque sus cuerpos sean el lienzo. En especies sociales, el efecto se multiplica. Un buen ejemplo es el de las cebras, que en grupo generan una maraña de rayas blancas y negras que hace difícil saber dónde empieza una y termina otra. El resultado es que, al moverse, el conjunto confunde a los depredadores. Así, si un león se lanza al ataque, no sabe exactamente a qué individuo está atacando, lo que reduce las probabilidades de éxito. El camuflaje, en este caso, se convierte en una estrategia colectiva.

A veces, el mecanismo de combinación con el fondo se mezcla con la coloración perturbadora. Es el caso de las polillas moteadas, que no solo se parecen a la corteza de los árboles, sino que también incluyen detalles visuales que alteran su forma, haciendo más difícil a los depredadores identificarlas desde distintos ángulos o distancias.

Otro ejemplo de la fusión que se da entre las técnicas de camuflaje es el insecto hoja. Su color verde se asemeja al de las hojas de los arbustos, pero también ha evolucionado para imitar su forma y patrón, incluidas venas y bordes irregulares. Este mimetismo extremo le permite fundirse completamente con el entorno vegetal, hasta el punto de resultar invisible para depredadores, que no lo identifican como una presa comestible.

Finalmente, existe un último tipo de método utilizado tanto por presas como por depredadores, así como por los humanos: el camuflaje disruptivo. En este caso, el animal no se parece a nada en concreto ni imita los colores del entorno, pero su aspecto, al ser extraño, confunde y disuade. En ocasiones, lo raro también puede asustar o desconcertar.

PÁGINA SIGUIENTE
Las cebras utilizan sus rayas para despistar a depredadores como leones o moscas.

Las rayas como método de ataque y defensa

En comparación con muchos otros animales, los mamíferos no suelen destacar por sus colores. El marrón es un tono bastante común; a menudo, sirve como camuflaje o, al menos, ayuda a no resaltar demasiado. Lógicamente, hay excepciones: me vienen a la mente el mandril, las ardillas psicodélicas que habitan la selva tropical y varios mamíferos que poseen rayas o manchas (*véanse* páginas 63 y 135).

Las rayas en los mamíferos suelen ser blancas y negras, un contraste muy notable en muchas situaciones y que, en sentido estricto, ni siquiera se consideran colores. Varios mamíferos nocturnos, como el tejón, parecen haber aprendido que, para ser avistados en la oscuridad, el contraste es fundamental. Las mofetas, por ejemplo, pueden considerarse aposemáticas, debido a que advierten del peligro de un olor repugnante a través del blanco y el negro.

Uno de los casos más conocidos de este tipo de pigmentación es el de las cebras. Se han propuesto varias teorías para explicar esas rayas tan llamativas, como que sirven de camuflaje o de protección contra los insectos. Una hipótesis reciente sugiere que se benefician de la «ilusión del poste de barbero»: ese falso efecto de movimiento que causan los postes giratorios a rayas delante de las barberías. Algo parecido podría pasar con una cebra en movimiento, que parecería avanzar en dirección opuesta para un león o una mosca tse-tsé. Esta propiedad para ahuyentar insectos ha inspirado la fabricación de mantas rayadas para caballos, que así repelen insectos molestos.

Los tigres no son blancos y negros, sino naranjas con rayas oscuras. Aunque su aspecto parezca llamativo, no lo es tanto para sus presas. Es obvio que son buenos depredadores, pero ¿por qué destacan tanto? La respuesta es que no resultan tan notables para sus presas. Igual que la fruta naranja, su pelaje anaranjado resulta verdoso para los ciervos, que son dicromáticos (*véase* página 82). Así, el contraste entre verde y negro los ayuda a mimetizarse. Solo los primates tricrómatas, como nosotros, pueden ver con claridad el naranja, aunque la visión evolucionó para detectar frutas maduras, no depredadores. Por eso, solo los humanos ven al tigre como algo llamativo y evidente, pero no sus verdaderas presas.

Durante la temporada de caza de ciervos, los cazadores usan ropa de camuflaje con dibujos naranja que los ciervos no distinguen del verde del bosque. Al mismo tiempo, otros cazadores sí pueden ver esos movimientos anaranjados y, con suerte, evitar disparar en su dirección.

La transparencia como camuflaje

Aunque el camuflaje resulta complejo en la superficie, puede ser posible en los arrecifes de coral o hábitats submarinos, como la columna de agua del océano abierto. En esos entornos no hay elementos con los que ocultarse, porque el agua rodea al animal en todas direcciones. Hacia arriba, todo se ve claro; hacia abajo, más oscuro. No obstante, estos cambios de color son tan graduales que no ofrecen cobertura real, como en un arbusto. Es como una versión de *¿Dónde está Wally?*, donde Wally aparece solo sobre un fondo blanco. En estos lugares, el mejor camuflaje es parecerse al agua, es decir, volverse casi invisible. Muchos animales marinos han desarrollado cuerpos que se mezclan con el entorno acuático.

Algunas especies marinas logran resolver este problema mediante la transparencia. No solo las medusas presentan cuerpos transparentes, ya que también hay gusanos, caracoles, calamares, pulpos y larvas de peces que usan esta estrategia, y algunos son tan traslúcidos que cuesta verlos incluso a escasos metros. A menudo, lo único que los delata son los ojos, que necesitan absorber luz para poder ver, además de las sombras, puesto que su cuerpo altera la trayectoria de la luz al atravesarlo.

La transparencia es inusual en la superficie, tanto porque no funciona bien como porque es muy complicado de lograr. Las ranas lo consiguen, al igual que ciertas partes de algunos insectos; no obstante, incluso en el agua es difícil ser transparente. Esto se debe a que se trata de la única estrategia de camuflaje que no afecta solo a la apariencia del animal, pues todo su cuerpo debe ser transparente. Para lograrlo, los tejidos no deben absorber la luz, algo relativamente fácil de conseguir si se evita la presencia de pigmentos, y tampoco deben dispersarla. Muchas sustancias que no absorben luz, como las nubes, la leche o la nieve, son opacas porque la dispersan. El interior de la mayoría de los animales contiene muchos tipos de tejidos, así que suelen ser opacos. Entonces, se requieren modificaciones drásticas, como la alineación precisa y un orden molecular muy específico para obtener este efecto.

PÁGINA SIGUIENTE Pulpo de cristal joven (*Vitreledonella richardi*), una especie semitraslúcida del océano Atlántico, cerca de Cabo Verde.

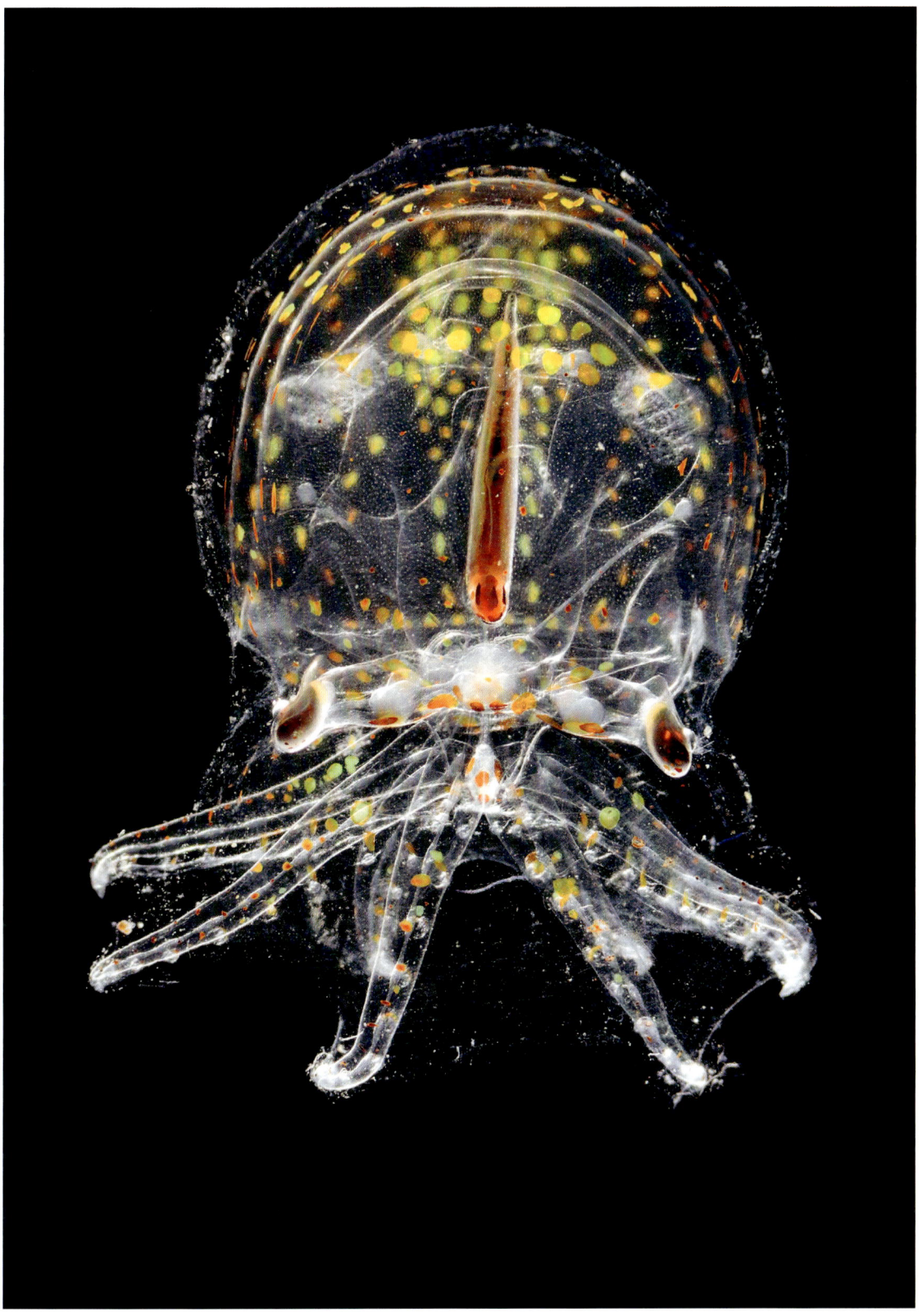

Espejos

Cualquiera que haya ido a pescar o abierto una lata de sardinas habrá notado que algunos peces son plateados de la cabeza a la cola. Aunque ese brillo los hace parecer llamativos y más visibles en la superficie, bajo el agua funciona como una forma de camuflaje.

Imagínese que está debajo del agua y mira hacia cualquier dirección, así verá que todo es azul, uniforme y simétrico. Si hubiera un espejo colgado en vertical, reflejaría la luz azul de todos los ángulos y, como la luz en el agua es simétrica, ese reflejo coincidiría con lo que hay detrás. Entonces, el espejo parecería invisible y veríamos a través de él. Por eso, un espejo

vertical es un excelente camuflaje submarino. Su capacidad para reflejar el entorno hace que cualquier animal que lo utilice desaparezca y confunda al depredador, que no logra distinguir el cuerpo del animal reflejado dentro del entorno que lo rodea.

Pocos peces son lo bastante planos como para funcionar como espejos verticales, ya que la mayoría tiene cuerpos curvados y, si reflejaran la luz desde arriba, brillarían demasiado. Aun así, muchos peces plateados tienen cuerpos cubiertos de miles de pequeños espejos colocados en vertical. En la década de 1960 se descubrió que los cuerpos curvados de muchos peces plateados están formados por miles de pequeños espejos, cada uno de ellos colocados verticalmente en las partes superior e inferior de su forma cilíndrica. Al observarlos de lado, se aprecia que estos espejos están inclinados, y se alejan del contorno real del pez, por lo que no captan la luz proveniente de la superficie.

Asimismo, algunos animales terrestres también presentan ciertas partes del cuerpo reflectantes, ya que poseen tonos plateados o dorados brillantes que reflectantes el entorno, como ocurre con la crisálida de la mariposa cuervo común, que produce este efecto con el color de un arbusto. Por su parte, varios escarabajos muestran un acabado muy pulido, por lo general dorado, mientras que la araña tejedora de orbes plateada, a semejanza de la crisálida de la mariposa, combina el color plata con el negro, consiguiendo una mezcla entre el efecto del reflejo con la coloración perturbadora. Puesto que tanto el entorno como la dirección de la luz en un arbusto son muy distintos a los del agua, además de que la distorsión visual forma parte de este camuflaje, el recurso del espejo vertical, imprescindible bajo el agua, no resulta tan importante en tierra.

La bioluminiscencia como camuflaje

En mar abierto, los animales pueden ocultarse utilizando la luz y, a veces, no les queda otra opción. La luz que proviene de las profundidades es más escasa que la de la superficie, pues normalmente no supera el 0,5 por ciento de luminosidad. Por eso, incluso una parte inferior blanca y reluciente, vista desde abajo, parece oscura; es decir, todo lo que hay en el océano es una silueta al verse desde abajo.

Los depredadores lo comprendieron hace mucho tiempo, así que muchos han desarrollado ojos orientados hacia arriba de forma permanente. Esa dirección no solo es la más luminosa, sino que también es buena para detectar las siluetas de sus presas. Por ende, estos animales precisan una forma de protegerse y evitar no ser avistados por esta vía. En particular, peces, crustáceos y calamares han recurrido a la misma solución: cubrir la parte ventral con minúsculos puntos de luz, denominados fotóforos. Ciertas especies solo presentan unos pocos, pero otras tienen decenas o incluso cientos, que hacen que toda esta superficie se ilumine. Lo más sorprendente es que el resplandor de estas luces coincide con la iluminación que se proyecta alrededor del pez, de forma que su silueta desaparece. Esta estrategia de camuflaje se conoce como contracoloración (*véase* página 157).

La contracoloración plantea varios retos. Para empezar, producir luz requiere energía y ciertos compuestos químicos, así como saber cuánta luz emitir para igualar la que baja desde la superficie. Por eso se sospecha que sus ojos están conectados con los fotóforos. Aunque aún no se comprende del todo, se sabe que algunos órganos luminosos contienen las mismas opsinas que usamos los humanos para ver. Eso sugiere que podrían medir la luz ambiental y autorregular su brillo, igualando la luminosidad del entorno y así volviéndose casi invisibles para los depredadores que los observan desde abajo.

Del mismo modo que hemos creado mantas a rayas para proteger a los caballos, nosotros también nos hemos inspirado en la naturaleza para camuflarnos. Por ejemplo, durante las guerras del pasado, algunos aviones de combate llevaban lámparas dirigidas hacia abajo para eliminar su silueta y, por tanto, era más difícil detectarlos desde tierra.

PÁGINA SIGUIENTE
El calamar luciérnaga (*Watasenia scintillans*) migra cada año desde las aguas profundas hacia zonas menos hondas de la costa japonesa para reproducirse. Esta especie bioluminiscente cuenta con fotóforos en su superficie ventral para utilizar la contracoloración.

PÁGINAS 204-205 Un banco de jureles o jureles voraces (*Caranx sexfasciatus*) emplea su piel plateada, orientada con precisión, para reflejar el fondo azul del océano y camuflarse en aguas abiertas.

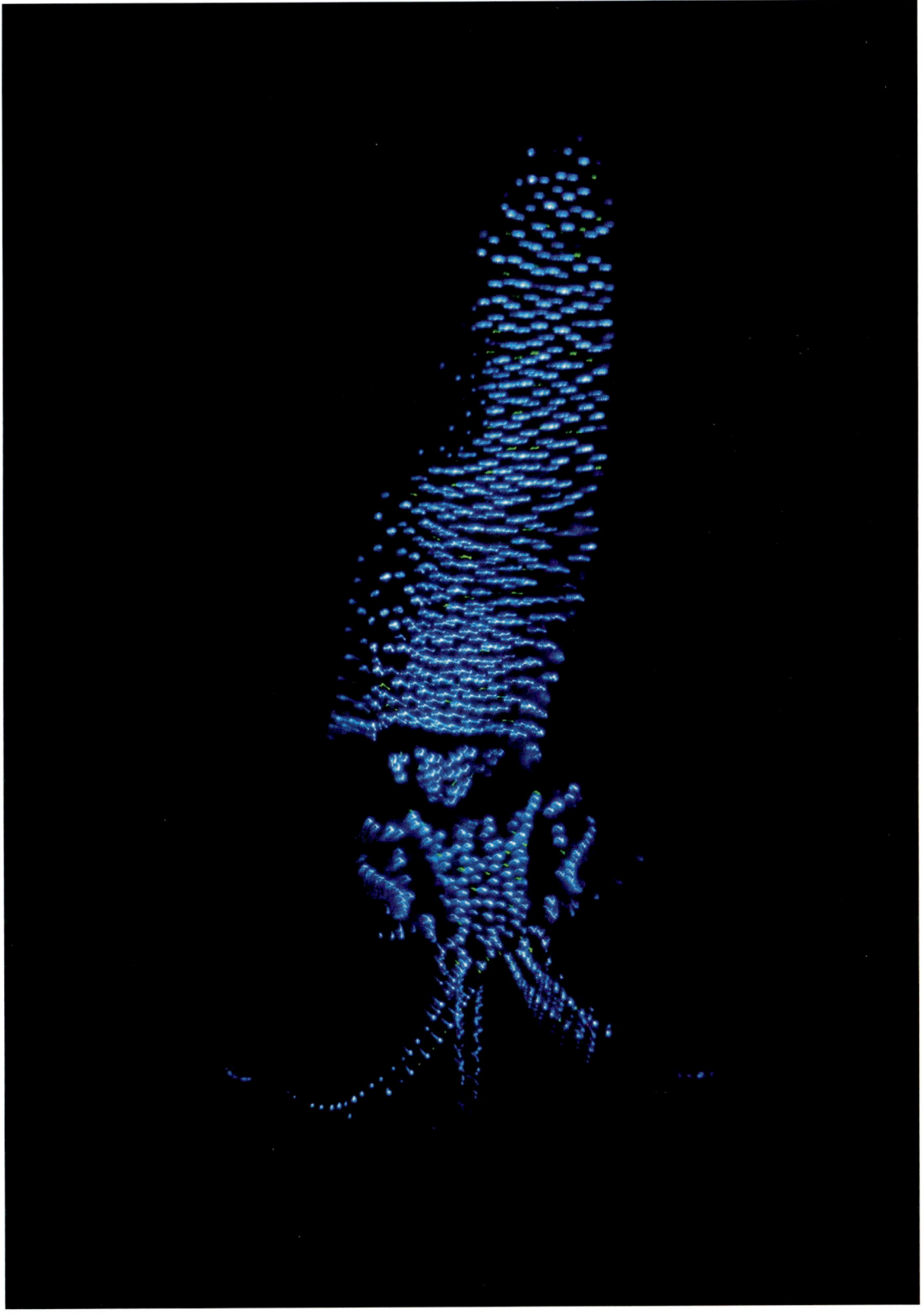

LOS COLORES DEL ARRECIFE

Los arrecifes de coral albergan, por metro cúbico, más variedad de animales coloridos que una selva tropical repleta de loros o cualquier otro ecosistema terrestre.

Los arrecifes de coral son estructuras tridimensionales, lo que significa que los peces no viven en un entorno plano. Estos ecosistemas ofrecen muchos espacios donde esconderse, por lo que los peces presentan una gran variedad de colores debido a los cambios de luz entre los microhábitats del arrecife. Comunicar mensajes visuales, ya sea con color o camuflaje, resulta complicado, porque las tonalidades cambian con la profundidad, distancia o fondo. Un pez puede parecer brillante desde un ángulo, pero apagado desde otro. Así, el color depende tanto del entorno como desde dónde se observa.

La alimentación también influye en la diversidad de colores. Los arrecifes sustentan una gran densidad de vida porque abundan los recursos, donde todo empieza con las algas, tanto las libres como las que viven en los pólipos de coral, que captan luz mediante la clorofila como las plantas terrestres. A partir de ahí se despliegan redes tróficas que incluyen invertebrados, peces pequeños y grandes depredadores. Más de la mitad de las especies marinas utilizan el arrecife y sus recursos durante alguna etapa de su ciclo vital.

En un ecosistema con miles de especies, el color ayuda a los peces a reconocerse entre sí. ¿Cómo sabe un pez con quién aparearse, a quién cazar o de quién huir? Aunque el tamaño y el comportamiento influyen, también lo hacen el color, los patrones y cómo se muestran sobre el fondo. Estos factores son esenciales para identificar rápidamente si se trata de un aliado, un enemigo o una pareja potencial, incluso en un entorno tan complejo como el del arrecife.

Panorámica de un arrecife
con abundantes corales blandos
(*Scleronephthya* sp.), anthias
(*Luzonichthys waitei*) y antias

cola de lira (*Pseudanthias
squamipinnis*), Bligh Waters,
provincia de Ra, Viti Levu,
Fiyi.

Los plátanos y los peces

Los arrecifes de coral están repletos de peces coloridos. Tras unas horas buceando, uno de los rasgos que advertirá es que muchos peces son totalmente amarillos o, al menos, tienen franjas o secciones del cuerpo de ese color. Nosotros vemos el arrecife con los ojos de un primate, adaptados evolutivamente para detectar cosas amarillas, como los plátanos entre el follaje. Nuestra visión tricromática está perfeccionada para distinguir el amarillo y el rojo, colores que nos ayudan a encontrar fruta madura. Sin embargo, en el agua, la luz se filtra de otro modo y el azul domina por la transmisión espectral. La visión de los peces está adaptada a longitudes de onda más cortas del espectro. Por ello, el azul y el verde suelen ser más relevantes para ellos que el amarillo o el rojo. No obstante, esta regla no siempre se cumple. De hecho, el amarillo puede ofrecer buen camuflaje sobre el fondo del arrecife, al menos desde la perspectiva de otros peces. Así, aunque para nosotros ese color sea llamativo, dentro del entorno submarino y desde la óptica de sus habitantes, puede actuar como una forma efectiva de pasar desapercibido entre corales y algas.

Por el contrario, el amarillo puede aportar un contraste muy marcado frente al azul, ya sea contra el agua o cuando se combina con zonas azules del cuerpo del mismo pez. Esta combinación de amarillo y azul, habitual en diseño gráfico y publicidad por su fuerte contraste en tierra, cumple una función similar bajo el agua para los peces de arrecife.

Comprender el uso del amarillo en los animales exige considerar el entorno, un elemento del planeta que muchas especies perciben con precisión. Un pez amarillo desaparece cerca del arrecife, al igual que ocurre con uno azul que nada sobre el fondo del océano, pero cuando el amarillo y el azul aparecen juntos en el cuerpo de un pez, o si el amarillo contrasta con el azul del agua, ese color se transforma en una señal para comunicarse.

El puntillista pez loro

Un arrecife de coral es un espacio complejo, lo cual se refleja en los múltiples patrones cromáticos que se aprecian en los peces que lo habitan. ¿Cómo interactúan esos colores? En ciertos casos, su combinación produce un sorprendente efecto de camuflaje, pese a que visto de cerca, el pez resulte extraordinariamente colorido.

El pez loro, al igual que el pez napoleón, suele aparecer con colores sorpresivamente apagados en las guías de identificación de especies, donde se muestran con un azul poco llamativo, ya que son vistos desde lejos. No obstante, si se le fotografía de cerca o se captura, sus colores son vibrantes. Esto sucede porque, con la distancia, los detalles del cuerpo se funden entre sí y, además, la visión de los peces tiene una resolución espacial diez veces menor que la humana, lo que significa que no distinguen detalles finos salvo a escasa distancia. Por eso, los patrones brillantes o contrastados solo son visibles cuando otros peces están muy cerca de ellos.

Como descubrieron los artistas del puntillismo, entre ellos Georges Seurat y Paul Signac, ese difuminado da lugar a un color aditivo apagado. Al principio, este resultado los decepcionó, porque buscaban crear combinaciones cromáticas nuevas y excitantes. Sin embargo, con el tiempo entendieron el valor de combinar colores para pintar sombras y zonas apagadas dentro de un cuadro. Para lograr ese efecto, igual que ocurría con los impresionistas (*véase* página 248), la obra debe observarse desde cierta distancia para que nuestros ojos puedan difuminar las manchas. Ese mismo principio es el que se emplea en las pantallas de ordenadores y teléfonos, donde se combinan diferentes píxeles (rojos, verdes y azules) para obtener una gama muy amplia de colores.

Los peces loro usan las combinaciones cromáticas de su cuerpo que no solo parecen más apagadas que los colores individuales que las componen, sino que también coinciden en gran medida con el fondo azul del océano. Así, se camuflan ante los depredadores que están lejos, pero pueden comunicarse con otros ejemplos de su especie cuando están cerca. Solo los machos presentan estos colores (tras haber cambiado de sexo y vivir como hembras durante sus primeros años) y utilizan esa coloración para mantener el orden dentro de su harén de hembras monótonas, mientras todo el grupo se desplaza por el arrecife alimentándose de algas y coral con los fuertes picos que les otorgan el nombre de «peces loro».

PÁGINA SIGUIENTE Pez loro (*Chlorurus perspicillatus*). Aunque de cerca son llamativos y contrastan mucho, los colores de los peces loro se combinan para formar sombras a lo lejos, como las pinturas del puntillismo.

Limpieza marina

Una de las escenas más fascinantes que se puede presenciar al bucear en un arrecife de coral es ver un pez grande, como un mero o una trucha de coral, con un pequeño pez de rayas azules que entra y sale de su boca, se desliza entre las branquias y recorre su cuerpo. Estos diminutos peces rayados pueden ser lábridos o góbidos. En este contexto, el azul funciona como señal, es decir, como una especie de bandera que indica que ofrecen un servicio de limpieza. Los peces grandes atraen parásitos al cazar entre el coral, que pueden dañar su piel, decolorarla o incluso provocar la muerte del huésped. Igual que los primates o aves se libran de piojos y liendres, los peces también necesitan ayuda externa. Los peces limpiadores, en cambio, son capaces de introducirse en las grietas de la boca y las branquias, detectar los parásitos que haya sobre la piel y eliminarlos. El intercambio resulta beneficioso para ambos, dado que los peces pequeños se alimentan de parásitos, de piel muerta o, en ocasiones, de la mucosidad del pez más grande, mientras que el depredador recibe una limpieza muy necesaria.

PÁGINA ANTERIOR Morena de boca blanca (*Gymnothorax meleagris*) aseada por un lábrido limpiador joven (*Labroides* sp.), isla de Navidad, Australia.

Los peces grandes no tienen manos ni picos, así que dependen de la ayuda de sus pequeños aliados. El patrón de rayas azules, con un tono específico que podríamos considerar más limpio, funciona como una bandera que establece esta relación. Con el tiempo, la evolución ha perfeccionado este pacto: «No me tragues mientras esté en tu boca y, a cambio, te limpiaré los dientes y las branquias». Algunos camarones también cumplen esta función y, en ciertos casos, usan la misma señal azul que los peces. Estos animales suelen trabajar en «estaciones de limpieza», formaciones de coral o afloramientos donde los peces grandes saben que pueden acercarse para recibir este servicio.

Ahora bien, incluso en este sistema cooperativo, han aparecido tramposos. Uno de ellos es el blenio rayado, un pez pequeño que puede presentar una franja azul en su cuerpo y, en ocasiones, imita casi a la perfección la forma de algún pez limpiador. Se hace pasar por uno de ellos y, cuando el cliente se relaja para que le cepillen los dientes, abre sus grandes mandíbulas y le pellizca hasta arrancarle un trozo de carne.

«COLORES DE PÓSTER»

Conrad Lorenz, uno de los pioneros en el estudio del comportamiento animal
y célebre por lograr que una familia de crías de ganso lo consideraran su
progenitor, acuñó la expresión «colores de póster» para describir a los peces
de arrecife. Estos emplean colores y patrones, como si fueran parte de un póster,
para comunicar quiénes son y qué intenciones tienen. Aquí se muestra una parte
de la sorprendente diversidad con que la que lo hacen.

Pez loro (*Chlorurus sordidus*).

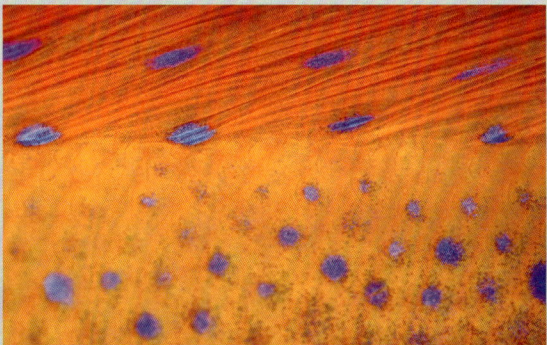

Coris de Gaimard (adulto) (*Coris gaimard*).

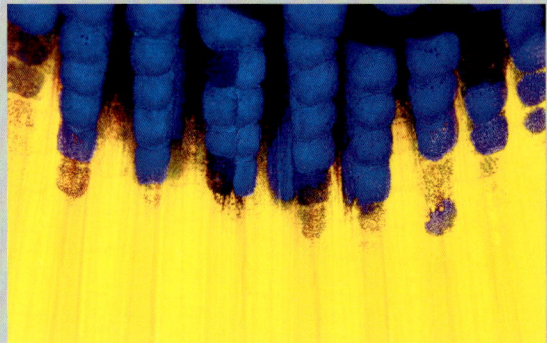

Coris de Gaimard (pequeño) (*Coris gaimard*).

Pez ángel real (*Pygoplites diacanthu*).

Pez lija arlequín (*Oxymonacanthus longirostris*).

Pez ángel Koran (*Pomacanthus semicirculatus*).

Pez cirujano amarillo del Pacífico (*Zebrasoma flavescen*).

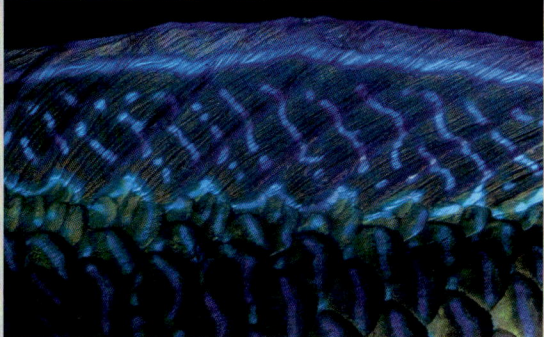

Tamarín verde (*Hemigymnus melapterus*).

Lábrido arlequín (*Choerodon fasciatu*).

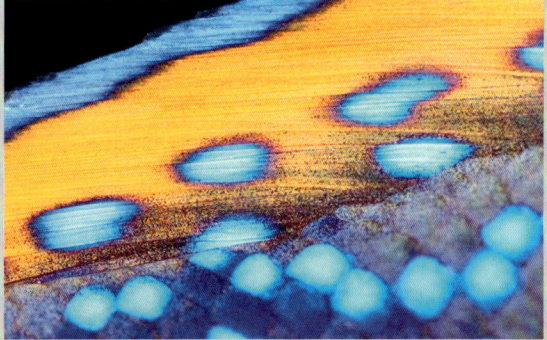

Coris de Gaimard (pequeño) (*Coris gaimard*).

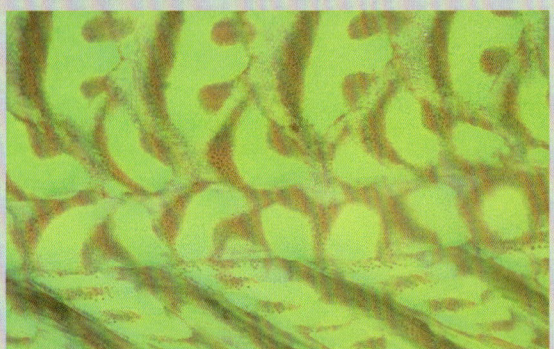

Damita zafiro (*Pomacentrus pavo*).

Damita neón (*Pomacentrus coelestis*).

5   EL COLOR EN LA VIDA HUMANA

INTRODUCCIÓN

A lo largo del tiempo, el ser humano se ha obsesionado con el color. Este deseo de querer más está ligado a nuestra creciente habilidad para obtener o crear colores distintos y aplicarlos en telas, edificios, lienzos y objetos artísticos. Hemos aprendido a manipular la naturaleza y los colores de las flores mediante técnicas de selección genética y el cultivo, una práctica que comenzó hace más de mil años durante el Imperio otomano.

Existe una rica tradición en el descubrimiento del color, ya sea por la búsqueda de pigmentos naturales, extraídos de rocas, plantas y animales, o mediante experimentos químicos y alquímicos, que llegaron a extremos como triturar momias egipcias para obtener un pigmento marrón. Los colores, por tanto, son muy importantes para nosotros, tanto en el plano biológico como social.

Pueden influir en nuestro estado de ánimo y representar frío o calor, tanto en sentido literal como figurado. Nos alertan del fuego y cosas calientes o transmiten emociones, como el «azul», asociado a la tristeza. En definitiva, la función de los colores es heredada de la naturaleza.

Asimismo, existen muchas formas de inspirarse en la naturaleza para coger ideas sobre el color, en un proceso de biomimetismo cuyos resultados se reflejan en la pintura, regulación térmica o medicina. Los colores iridiscentes de algunos insectos, generados por la interferencia de la luz sobre una película delgada, sirven de modelo para la pintura metalizada ChromaFlair, que se usa en automóviles para que el color varíe según el ángulo. Un colorante fluorescente, en un principio extraído de medusas y hoy fabricado sintéticamente (la equorina), se emplea en neurociencia para rastrear neuronas. Gracias a su fluorescencia, los neurocirujanos pueden distinguir qué partes del cerebro extirpar y cuáles no.

El uso de teléfonos móviles y pantallas digitales ha impulsado la creación de nuevos colores imposibles de reproducir en otros formatos. Este capítulo recorre todo nuestro amor por el color desde una perspectiva tanto histórica como actual, reconociéndonos como parte de la naturaleza e invitándonos a imaginar sus futuros usos.

Flores de tulipán, una variedad
abigarrada creada para deleitarnos,
resultado de un proceso de cultivo
y manipulación del color que
comenzó hace más de mil años.

PREFERENCIAS DE COLOR

Aunque podamos escoger entre millones de colores, ¿por qué nos atraen unos más que otros y tantas personas coinciden al elegir sus favoritos?

¿Cuál es su color preferido? Para la mayoría, especialmente los niños, esta pregunta resulta natural. En cambio, muchos adultos responden que depende del contexto, pues pueden elegir el caqui para la ropa o el azul pizarra para los muebles de cocina. Aun así, la mayoría de las personas, sin importar su edad, tienden a pensar en los colores como entidades con un atractivo propio y reconocible.

Desde hace siglos, los científicos intentan comprender por qué el color tiene esa capacidad para agradarnos o no, así como averiguar si los patrones de preferencias cromáticas son sistemáticos y predecibles en todos o individuales e idiosincrásicos. Cuando se dan patrones, ¿qué factores los determinan? ¿Se deben a la naturaleza o a la crianza, a la biología del sistema óptico o a la cultura, la educación y el entorno?

Los estudios llevados a cabo en culturas occidentales muestran una clara tendencia: el azul suele ser el color favorito, seguido de rojos y verdes o naranjas amarillentos. Joseph Jastrow fue de los primeros en señalar esta preferencia mediante un experimento en la Exposición Universal de Chicago en 1893, donde 4556 personas eligieron su color favorito entre 24 muestras impresas dispuestas en un gran panel.

¿Por qué preferimos un color? Una teoría sugiere que el gusto por ciertos colores surge, inconscientemente, del agrado que sentimos por los objetos asociados a ellos. Por ejemplo, el cielo y aguas azules representan buen tiempo y salud, así que resulta agradable. En cambio, los verdes amarillentos evocan baba, excrementos o sustancias repulsivas. El rojo tiene significados ambivalentes: puede indicar peligro o veneno (como setas tóxicas), pero también pasión o fertilidad (como el trasero de un babuino). Así, nuestras preferencias cromáticas podrían ser un reflejo de nuestras asociaciones emocionales.

Para que esta «preferencia» se traslade de los objetos a los colores en sí, las personas deben haber concebido el concepto del color como una idea abstracta e independiente. Quizá esa abstracción se produjera con el desarrollo evolutivo de la conciencia.

Nuestra predilección por determinados colores depende, en parte, de los objetos que asociamos con ellos. El rojo es ambivalente, ya que puede sugerir pasión o veneno, como ocurre con esta *Amanita muscaria*.

Rueda de las emociones

Rueda de las emociones junto con los colores que solemos asociar a ellas.
El tamaño del círculo indica la solidez de la asociación. El rojo está ligado a emociones
positivas (amor) y a otras negativas (ira o vergüenza). Las emociones negativas pasivas,
como la culpa o la tristeza, suelen vincularse con el negro y gris.

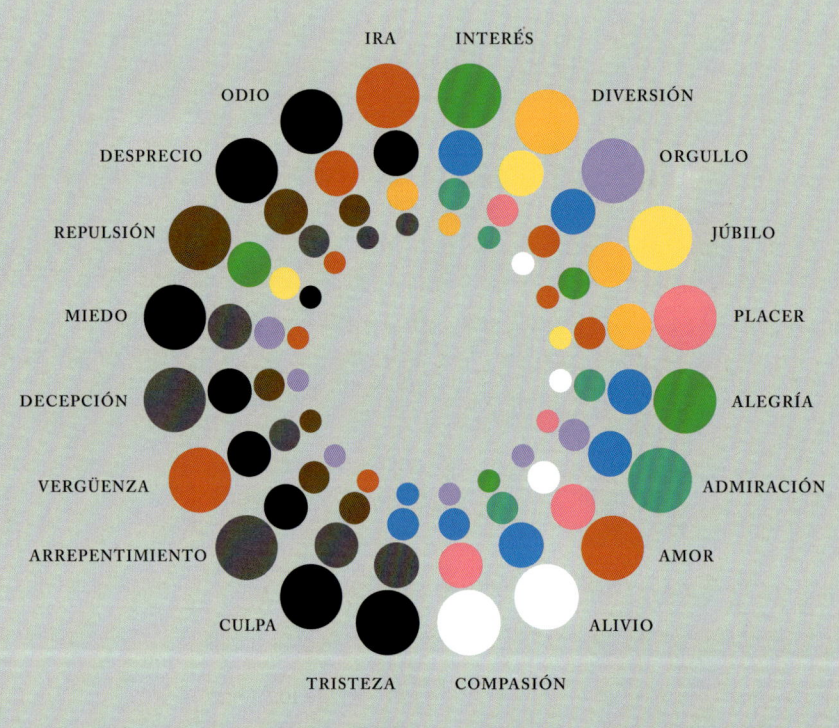

La carga emocional de los colores

Decir que un color gusta o desagrada simplifica una respuesta emocional mucho más compleja. En realidad, los sentimientos que nos generan los colores son innumerables, porque pueden oscilar desde la alegría de un naranja intenso hasta el miedo que puede causar un negro profundo. No obstante, los experimentos sobre preferencias cromáticas suelen limitarse a medir reacciones rápidas e individuales, como elegir una ciruela o puntuar una hortaliza. Durante estas evaluaciones, los significados emocionales más complejos que puede transmitir el color suelen quedar fuera.

Al asociar los colores con emociones o ideas, surgen patrones comunes. Los tonos amarillos, naranjas y rojos claros se perciben como estimulantes; los azules y blancos, como puros; el negro con tristeza o miedo; el gris, con decepción; y el rojo, con amor o ira. En casi todas las culturas, los colores se dividen en cálidos (rojo, naranja, amarillo) y fríos (verde, azul, violeta), que influye en cómo interpretamos los objetos y sus emociones.

Esta división térmica también influye en cómo diferenciamos los objetos de los fondos. Los colores cálidos dominan los objetos naturales como frutas, verduras o partes del cuerpo, mientras que los fríos suelen formar el fondo: hojas, césped, cielo o agua. Esta abundancia da a los colores cálidos muchos significados: el rojo expresa madurez o toxicidad; el naranja, fuego o dulzura; el amarillo, sol o acidez. Como los objetos captan más atención, los colores cálidos se ven como estimulantes y los fríos transmiten calma.

Ahora bien, ni la codificación del color, ni sus categorías, ni las asociaciones con objetos bastan para explicar las respuestas emocionales que despierta. Estas reacciones no son innatas, sino que se desarrollan a lo largo de la vida, influidas por la cultura y la experiencia. Por ejemplo, el verde puede significar envidia para los angloparlantes, pero esperanza para quienes hablan chino. En la Namibia rural, los himba detestan el azul, a pesar de que aprecian el cielo, que es azul.

Las emociones y preferencias cromáticas no son algo únicamente académico, ya que pueden tener efectos profundos: las paredes azules inducen calma en la arquitectura, mientras que las rojas pueden afectar el rendimiento infantil. Como en el reino animal, el color influye en nuestro comportamiento al guiar las respuestas emocionales y cognitivas.

¿POR QUÉ EL ROSA LES GUSTA A LAS CHICAS?

El rosa tiene algo especial, pues ningún otro color divide tanto a los sexos. En la sociedad actual, se vincula en gran medida al sexo femenino. Sin embargo, ¿por qué? ¿Existe una predisposición biológica en las mujeres para preferir el rosa?

Los estudios experimentales revelan diferencias entre hombres y mujeres en la preferencia por ciertos colores. Tras su experimento de 1893, Joseph Jastrow observó que las mujeres elegían el rojo más que el azul y comentó que «la predilección por el rosa, un rojo claro, se limita a las niñas pequeñas». Otros estudios realizados en distintas épocas y culturas, desde la tribu yali de Papúa hasta sociedades occidentales, concluyen que las mujeres se inclinan más por el rojo.

¿Por qué ocurre esto? El rojo es un color intenso y con muchas asociaciones, que puede desencadenar reacciones, ya sea de advertencia (como en señales o animales venenosos) o de atracción (frutas maduras o mejillas sonrojadas). Es posible que las mujeres sean más sensibles a estas señales no por programación evolutiva, sino porque, a lo largo de la vida, desarrollan una mayor atención a las señales cromáticas relacionadas con la salud y la supervivencia como parte de su experiencia cultural y social.

Es evidente que la educación influye en las diferencias entre sexos. En la sociedad igualitaria de los hazda, no se observan diferencias de preferencia cromática entre adultos. Cuando los bebés de entre cuatro y seis meses eligen un color, tienden a fijarse más en azules que en amarillos verdosos, pero sin diferencias entre sexos, lo que sugiere que las preferencias de color no se dan al nacer. En aldeas rurales aisladas, niñas y niños no muestran preferencia por el rosa o el rojo sobre el azul. Sin embargo, en ciudades, las niñas sí prefieren el rosa, mientras que los niños lo evitan y esto demuestra que el contexto cultural es clave en la formación de estas diferencias.

En cuanto a la naturaleza, el rosa no pasa desapercibido. Como el rojo, contrasta con el verde por mecanismos cónicos de contraste (*véase* página 96), pero además destaca por su luminosidad. Por eso, en tareas de búsqueda visual, se detecta más rápido. Estas propiedades lo hacen ideal para adquirir significados complejos. A diferencia del rojo, azul o verde, el rosa suele estar libre de connotaciones negativas y se asocia con emociones positivas: alegría, amor, dulzura, belleza y placer, lo que refuerza su uso en contextos visuales y culturales.

Entonces, ¿por qué el rosa se asocia con la feminidad? No siempre fue así, porque hasta finales de la década de 1950, se promovía tanto para niños como para niñas. En la de 1970, el feminismo cuestionó esa asociación, al ver el gusto por el rosa como una aceptación de roles de género tradicionales. Paradójicamente, esta oposición reforzó aún más su vínculo con la feminidad. Así, el rosa pasó de ser una elección estética a representar una postura ideológica, con connotaciones identitarias y sociales que aún persisten.

El rosa va más allá de la percepción visual y abarca aspectos culturales, políticos e identitarios. Esto nos distingue del resto de animales, dándole al color un poder único en nuestra especie.

En general, el rosa provoca placer. No es solo para chicas, a pesar de los estereotipos de la cultura popular.

Nomenclatura del color

Los animales usan el color para encontrar alimento y pareja, aunque no los nombran. Nosotros tenemos miles de nombres para los colores, pero solo unos pocos son esenciales para sobrevivir.

Los conceptos básicos de los colores actuales se remontan a las lenguas más antiguas. Resulta curioso que, a lo largo de los siglos, las culturas aisladas desarrollaran nombres para los colores en el mismo orden, fenómeno conocido como «jerarquía de los nombres de los colores», y se creara la secuencia negro, blanco, rojo, verde, amarillo y azul. Según estudios lingüísticos, en lugar de «negro» y «blanco», como en español, otras lenguas hablaban de «oscuro» y «claro», o «apagado» y «brillante», por lo que existía una terminología parecida en distintas regiones y culturas.

Con el paso del tiempo y el desarollo de sociedades complejas, se descubrieron nuevos colores a partir de fuentes naturales. El púrpura de Tiro, extraído de caracoles marinos (*Muricidae*), comenzó a producirse hacia 1200 a. C. en la ciudad fenicia de Tiro. Dado que requería miles de caracoles y un proceso laborioso, era muy caro, así que solo los ricos podían adquirirlo. Esto hizo que se asociara con el poder y la realeza, ganándose el nombre de púrpura real o imperial, símbolo de estatus durante siglos.

Algunos colores reciben su nombre de elementos naturales. Por ejemplo, el naranja proviene del fruto homónimo. El rosa, en cambio, procede de las flores que conocemos como rosas (del género *Rosa* sp.), cuyo nombre, que viene del griego *rhódon*, significa «fragancia» u «olor agradable». Asimismo, la palabra «rosa» posee una gran carga simbólica: representa belleza, dulzura y amor en muchas culturas y religiones del mundo.

En los poemas griegos de la *Ilíada* y la *Odisea*, los colores se usan para describir objetos, paisajes y emociones. El verde (*khlōrós*) se asocia con la vegetación; el negro (*mélas*), con la oscuridad, las sombras o el luto. Los colores ayudaban a crear atmósferas y estados emocionales en la narración épica.

Ya en el siglo VIII a. C., los colores se usaban como herramientas expresivas en los relatos. En la literatura antigua, el color servía para describir escenas o estados de ánimo. Esta asociación entre color y emoción perdura hoy, especialmente en el diseño, donde sigue siendo clave para transmitir sensaciones y mensajes visuales.

Sotana morada de un sacerdote
en una procesión de Semana
Santa en Valencia, España.

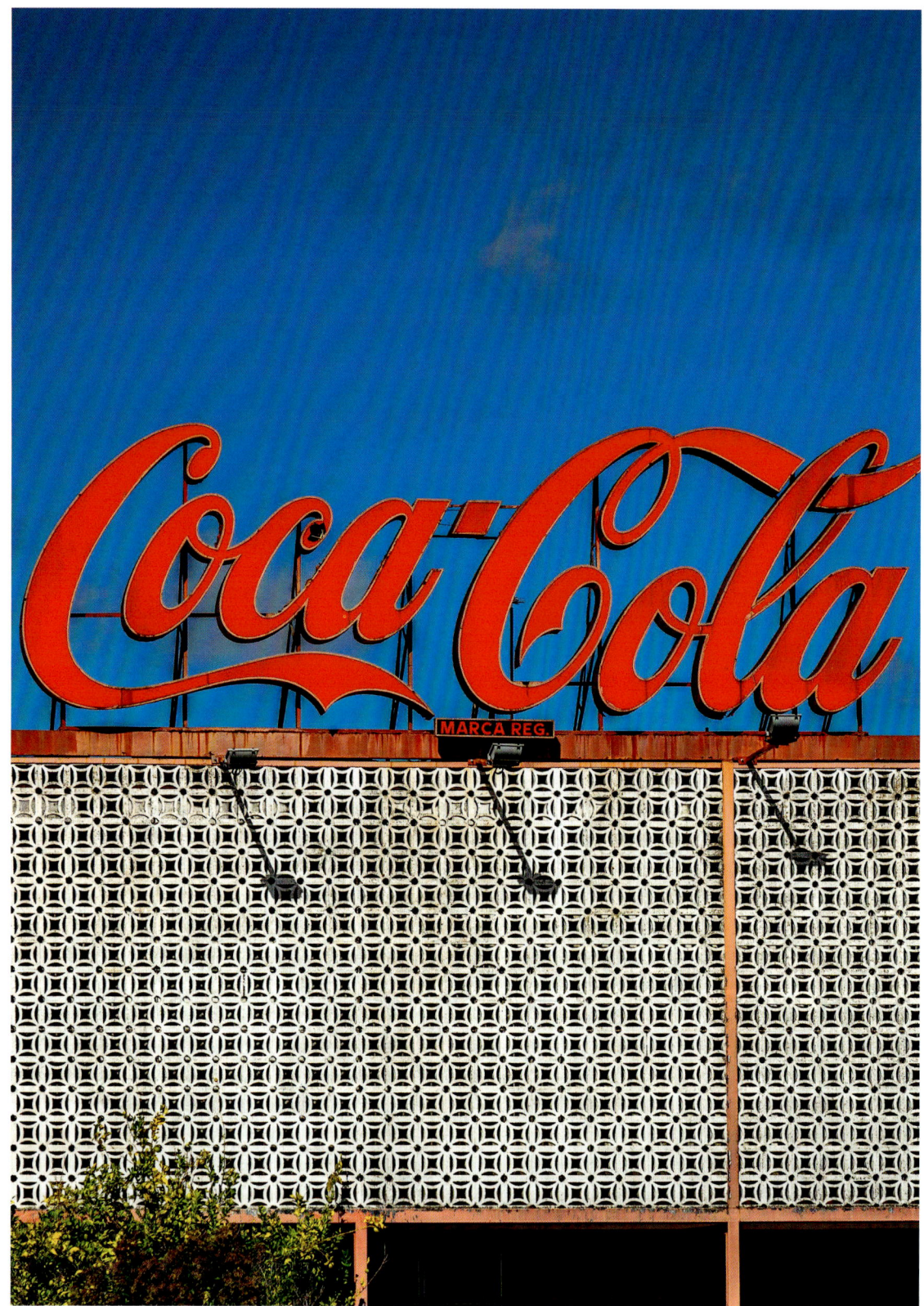

Las denominaciones comerciales de los colores

Los nombres de colores juegan un papel crucial en cómo los consumidores perciben un producto e influyen en sus decisiones. Un nombre bien elegido y promocionado genera exclusividad, deseo, y refuerza el reconocimiento y la identidad de la marca.

El color puede contar una historia o reflejar el espíritu de una marca, estableciendo un vínculo emocional con los consumidores. La publicidad, los envases y el *merchandising* visual dependen mucho del color para captar atención y comunicar mensajes eficazmente. Además, los animales usan el color para expresar su estado y crear vínculos especiales, donde para ellos el desenlace puede ser vida o muerte, no solo beneficios.

PÁGINA ANTERIOR Fábrica de Coca-Cola abandonada, Badajoz, España.

Algunas empresas han llegado a registrar nombres o combinaciones de colores para proteger su identidad y evitar que otras compañías los usen en contextos similares. Un ejemplo conocido es el de Tiffany & Co., que registró Tiffany Blue, un color que tiene su origen en el tono de los huevos de petirrojo. De hecho, muchas especies cuentan con una «marca» definida por el color que presentan.

Al crear un nombre para un color se tienen en cuenta distintos factores. El elemento más importante para definirlo es la historia que se quiere contar: ¿qué mensaje se transmite?, ¿cómo lo refleja el nombre?, ¿qué tipo de respuesta emocional provoca? Al igual que los propios colores, sus nombres pueden despertar emociones y generar un estado de ánimo o una sensación específica; bien sea calma, entusiasmo, nostalgia o lujo, el nombre debe suscitar una reacción emocional que conecte el lenguaje con las asociaciones del color.

Un buen nombre puede evocar imágenes nítidas, debe ser capaz de pintar una escena en la mente del consumidor y crear una experiencia sensorial que armonice con el color. En el reino animal, ese color surge tras un largo proceso evolutivo. Un plumaje apagado o deteriorado puede hacer que el macho sea rechazado por las hembras, quizá porque no pertenece a la especie o al «equipo» correcto.

Son muchos los factores culturales, tecnológicos y de tendencias que influyen en que un color despierte ideas, estimule la imaginación y se relacione con el éxito o beneficios. Los colores se usan en publicidad, construcción de marcas, y ahora que el deporte es un fenómeno comercial, los colores de los equipos, presentes en camisetas y *merchandising*, tienen gran importancia. Todo gira en torno a pertenecer a una especie o equipo.

EL COLOR COMO TENDENCIA

Los analistas de tendencias anticipan qué colores serán populares. Sus propuestas son valiosas para las industrias que dependen de las tendencias al diseñar productos, planificar campañas de *marketing* o definir una identidad visual.

El color es esencial para la construcción de la identidad visual de épocas, estaciones, países, grupos o tribus. Las tendencias del color pueden reflejar influencias culturales, sociales e históricas propias de un período.

En la década de 1950, tras el racionamiento y austeridad impuestos por la Segunda Guerra Mundial, comenzaron a aparecer más colores y tejidos. El violeta, el rosa, el amarillo, el azul claro y verde menta se introdujeron en la moda y decoración de interiores.

Durante la década de 1960, en paralelo con las transformaciones sociales, el color se convirtió en una poderosa herramienta de expresión. El desarrollo de tejidos sintéticos y plásticos que evitaban la pérdida de color favoreció el auge de tonos vivos, brillantes y atrevidos, que ganaron protagonismo en ropa y mobiliario. El *pop art*, fascinado por colores intensos y las imágenes icónicas, influyó en el diseño gráfico y la publicidad. La fotografía en color atrajo compradores y reforzó el impacto visual en productos impresos. Estas tendencias reflejan una evolución paralela a la del reino animal: los humanos ahora apenas están alcanzando a especies que exhiben colores llamativos, resistentes y que atraen miradas sin reservas.

Fundada en la década de 1960, Pantone, la empresa que se dedica a las tendencias y la producción de colores, revolucionó el uso del color con un sistema estandarizado que asigna a cada color un nombre y número, lo que facilitó localizar y asociar tonos con códigos específicos. Esto hizo que la combinación de colores fuera sencilla, precisa y accesible, sin margen de error. En 2000, Pantone lanzó el «Color del Año», que marcó un hito en la definición de tendencias e influyó en muchas industrias creativas. El primer color elegido fue el azul cerúleo, que evoca el cielo azul de la naturaleza.

Hacia mediados de 2010, el rosa *millennial* fue el color predilecto. Su alcance trascendió al diseño y la moda hasta convertirse en el símbolo cultural de la individualidad y el inconformismo.

Colores de la marca Pantone

La yuxtaposición de colores y su interacción es un factor decisivo en la predicción del color, ya que ayuda a los diseñadores a visualizar cómo pueden integrarse los distintos tonos a sus diseños. Las paletas de colores se representan mediante imágenes y barras del uso de cada tono para ilustrar cómo se complementarán entre sí.

BLUE CURAÇAO
[AZUL CURAÇAO]

PANTONE
15-4825 TPG;

TROPICAL
BREEZE
[BRISA
TROPICAL]

PANTONE
13-4307 TPG;

ACID LIME
[LIMA ÁCIDA]

PANTONE
14-0340 TPG;

LIMELIGHT
[LIMA CLARA]

PANTONE
12-0740 TPG;

WARM APRICOT
[ALBARICOQUE
CÁLIDO]

PANTONE
14-1051 TPG.

TENDENCIAS CROMÁTICAS

Los analistas de tendencias de color investigan a fondo los acontecimientos mundiales y las tendencias del diseño para elaborar las descripciones de las futuras tonalidades. Los colores se eligen según su sintonía con estos factores, ya sea solos o como parte de una paleta.

Marrón *vintage* de la década de 1970.

Amarillo representativo de la generación Z.

Azul huevo de pato, hacia 1950.

Tono medios de la década de 1950.

Baños de color aguacate de la década de 1970.

Colores pastel de la década de 1970.

Color digital.

Verde menta.

Colores psicodélicos brillantes.

Nueva ola de la década de 1980.

Colores pastel de la década de 2000.

Rosa *millennial*.

A LA MODA

El color impulsa la autoexpresión en la moda.
Llevar los mismos colores que otros, ser «tal para cual»,
reforzar la cohesión, puede fomentar el sentido de pertenencia
y facilitar la comunicación en un grupo.

Los primeros tintes utilizados para teñir prendas e impulsar la moda procedían de pigmentos naturales. Las civilizaciones antiguas desarrollaron técnicas para extraerlos de plantas, minerales, insectos, caracoles e incluso cuerpos momificados. Los tintes vegetales del índigo y azafrán producían colores intensos y saturados. En Asia, el azafrán se utilizaba en el año 600 a. C. para teñir las túnicas de los monjes budistas para dotarlos de una identidad homogénea.

Durante la Edad Media, en Europa se cultivaban plantas del género *Rubia* como *Rubia tinctorum*, que significa literalmente «rojo para teñir», para producir alizarina, un tinte rojo popular. Los diseñadores de la época también se inspiraban en los colores de la naturaleza gracias a bestiarios y herbarios con ilustraciones. Diseñaban prendas bordadas con motivos de plantas y animales mediante hilos procedentes de telas teñidas con pigmentos vegetales.

No obstante, los tintes naturales solían desteñirse y eran complicados de producir. La Revolución Industrial trajo el descubrimiento de los tintes sintéticos, que ofrecían una gama cromática más amplia, mayor resistencia y una producción más eficiente, provocando el declive de los tintes naturales en la fabricación a gran escala.

En la actualidad, los colores de la naturaleza siguen inspirando a diseñadores como Dries Van Noten, cuyas ricas y variadas paletas se basan en flores y plantas. La tecnología perfecciona sus estampados y aporta vitalidad a su estilo único e inconfundible.

A medida que la industria de la moda busca avanzar hacia prácticas más sostenibles, ha resurgido el interés por los tintes naturales. Los tintes artesanales destacan porque son biodegradables e inocuos. Incluso los residuos alimentarios, como pieles de cebolla, granada y huesos de aguacate, producen numerosos colores, que van del marrón al rosa. Valorar estos tintes requiere un cambio cultural en el que se aprecie la belleza de los colores que se transforman y se desvanecen con el tiempo.

Dries van Noten en la pasarela
primavera / verano 2023, en la
Semana de la Moda de París.

PÁGINAS 236-237 Madreselva.
Tejido decorativo, 1876.
De la colección de The William
Morris Society.

ARQUITECTURA E INTERIORISMO

La naturaleza impulsa el diseño «biofílico», que integra plantas en los espacios para favorecer el bienestar. El color desempeña un papel vital al crear una sensación de armonía, tranquilidad y equilibrio en los edificios.

La luz es clave en el diseño espacial del color. A medida que cambia desde el amanecer hasta el anochecer, la percepción del espacio puede transformarse por completo. Por la mañana, la luz es cálida y clara, menos intensa; al mediodía, se vuelve más brillante e intensa, lo que hace que los colores parezcan más vivos y saturados; al atardecer, pierde fuerza y se vuelve más tenue, generando un ambiente íntimo y apacible. Los animales también manipulan la luz con fines específicos. Un ejemplo asombroso es el de las aves del paraíso en la selva tropical, que arrancan hojas de los arbustos y limpian el suelo para que la hembra pueda observar al macho con la mejor iluminación posible.

El diseño biofílico aprovecha tanto la luz natural como los colores de los seres vivos. Incorporar plantas en el interior y reproducir los tonos terrosos de su entorno contribuye a fortalecer la conexión con la naturaleza.

El lugar donde se reside también influye en la elección de los colores para un interior. En climas cálidos, los azules y verdes de la naturaleza producen un efecto refrescante y tranquilizador. El blanco refleja el calor y la luz solar, así que ayuda a mantener ambientes frescos y transmite ligereza. En cambio, en climas fríos, predominan los colores cálidos e intensos (rojos, naranjas y marrones), porque aportan calidez. Los animales utilizan colores claros, como el blanco, para reflejar el calor y la luz solar, así como tonos oscuros, entre ellos el negro, para absorberlos y regular así su temperatura corporal.

Usar colores complementarios, opuestos en la rueda cromática, da una sensación de dinamismo, mientras que los colores análogos, que están uno junto al otro, transmiten cohesión. Ambas opciones están presentes en la naturaleza, así que los diseñadores se inspiran en los paisajes naturales y en las combinaciones de color del reino animal para encontrar mezclas ideales. Un ejemplo obvio de la naturaleza son los peces de arrecife (*véase* página 209), cuyas combinaciones de colores complementarios están pensadas para resultar más llamativos.

Un ejemplo de diseño biofílico
en una vivienda.

Interioristas inspirados en la naturaleza

Una casa bien decorada presenta un equilibrio entre colores y objetos, además de que suele contar con una simetría agradable que atrae nuestra mirada. La fachada de una casa de estilo georgiano resulta atractiva de forma intrínseca por sus proporciones simétricas y la cantidad justa de repeticiones. En el interior, las estancias pueden llegar a parecer auténticas obras de arte, donde los patrones y colores en cortinas, alfombras, muebles o ventanas se combinan para componer una imagen armoniosa.

PÁGINA ANTERIOR Un macho de pergolero satinado (*Ptilonorhynchus violaceus*) se asoma desde su emparrado decorado con desechos de plástico azul para atraer a las hembras. Antes de la intrusión del ser humano, esos objetos serían plumas y flores azules.

PÁGINA 242 Mausoleo de la necrópolis de Shahi-Zinda, en Samarcanda (Uzbekistán), decorado con azulejos de color azul intenso.

PÁGINA 243 Tonos tierra cálidos, que se inspiran en el desierto, del mausoleo de Moulay Ismail, Mequinez, Marruecos.

¿Por qué sentimos satisfacción al verlos? No es necesario que sean lujosos ni ostentosos, pues el diseño de una cabaña sencilla pero bien construida es tan valioso como el de una casa señorial. Lo que importa es la complementariedad entre los colores y una disposición de los elementos agradable; esta búsqueda de armonía no nació con los humanos ni con sus hogares, sino que ya estaba presente en la naturaleza mucho antes de que existieran.

Los machos de muchas especies realizan esfuerzos insospechados para atraer a las hembras. El plumaje y las exhibiciones complejas de las aves son un ejemplo claro, y entre ellas, los de las aves del paraíso son los más extravagantes. Un pariente de este grupo, que también habita en Nueva Guinea y el norte de Australia, es el pergolero. Los machos de unas 27 especies construyen emparrados para cortejar a las hembras, pero no se trata de un nido, sino de estructuras temporales destinadas a la exhibición de colecciones de objetos, construidas sobre el suelo del bosque durante la época de apareamiento. Algunos emparrados son simples arreglos de ramitas y hojas para resaltar el plumaje, menos vistoso que el de sus parientes aves del paraíso. Por ejemplo, los objetos azules hacen destacar el brillo metálico de su plumaje satinado y sus ojos violáceos.

El premio a la construcción y disposición más espectacular es para el pergolero pardo. Este macho crea una tienda de campaña con ramitas entrelazadas y organiza los objetos recopilados por colores sobre un suelo de arena despejado. Usa frutas, flores o incluso objetos fabricados por humanos, según la disponibilidad del entorno en ese momento. ¿Qué hembra no quedaría impresionada, aunque ese «interior» sea un espacio al aire libre?

EL COLOR EN EL ARTE

El color ha sido un componente esencial en el arte desde las primeras pinturas rupestres. El desarrollo de los pigmentos proporcionó una gama cromática más amplia, una mayor duración y nuevas posibilidades de expresión artística.

Un pigmento es un material tintóreo que aporta color a pinturas, colorantes o tintes. Por lo general, son partículas o polvos insolubles que conservan el color al mezclarse o aplicarse sobre un soporte. Desde milenios, los humanos extraen pigmentos de la naturaleza, muchos a partir de minerales en la tierra. El ocre se obtiene del óxido de hierro y ofrece tonos rojos, amarillos o marrones. También se extraían pigmentos vegetales de raíces, hojas, flores o bayas. El añil, un azul usado por celtas como Boudica antes de librar una batalla, es posible que provenga de una planta de la familia de la hierba pastel (*Isatis tinctoria*), una de las especies de las que también puede extraerse el índigo.

Algunos pigmentos se obtenían de insectos o animales. La cochinilla, por ejemplo, se machacaba para extraer un intenso color rojo conocido como carmín. Por un lado, al carbonizar los huesos de animales se conseguía el pigmento negro de hueso y, por otro, se empleaban conchas, cortezas de árboles, arcilla y hongos para obtener pigmentos naturales. Para extraerlos, nuestros antepasados molían, trituraban o hervían los materiales. Con el tiempo, los humanos desarrollaron técnicas que mejoraron tanto la intensidad como la estabilidad de los colores. Además, se idearon formas de fijar los pigmentos en distintas superficies, dando lugar a diversas tradiciones artísticas y prácticas culturales. En definitiva, la naturaleza y sus colores sirvieron de inspiración para el ingenio humano.

Los primeros testimonios conocidos del uso de pigmentos naturales en el arte se remontan a la prehistoria. En las pinturas rupestres de Lascaux, Francia, y Altamira, España, se emplearon pigmentos naturales de tonos rojos, amarillos, marrones y negros. Las civilizaciones griega, romana y maya también los usaron para realizar sus obras. En el caso de Egipto, los pigmentos como la malaquita o el lapislázuli plasmaban colores vívidos en frescos y decoraciones funerarias. Durante la Edad Media y el Renacimiento, los artistas continuaron trabajando con pigmentos naturales, pero en ese momento comenzaron a emplearse en Europa el bermellón y el azul ultramarino.

Pintura rupestre al ocre de renos,
vacas y caballos salvajes, Lascaux,
Francia, 14 000 a. C.

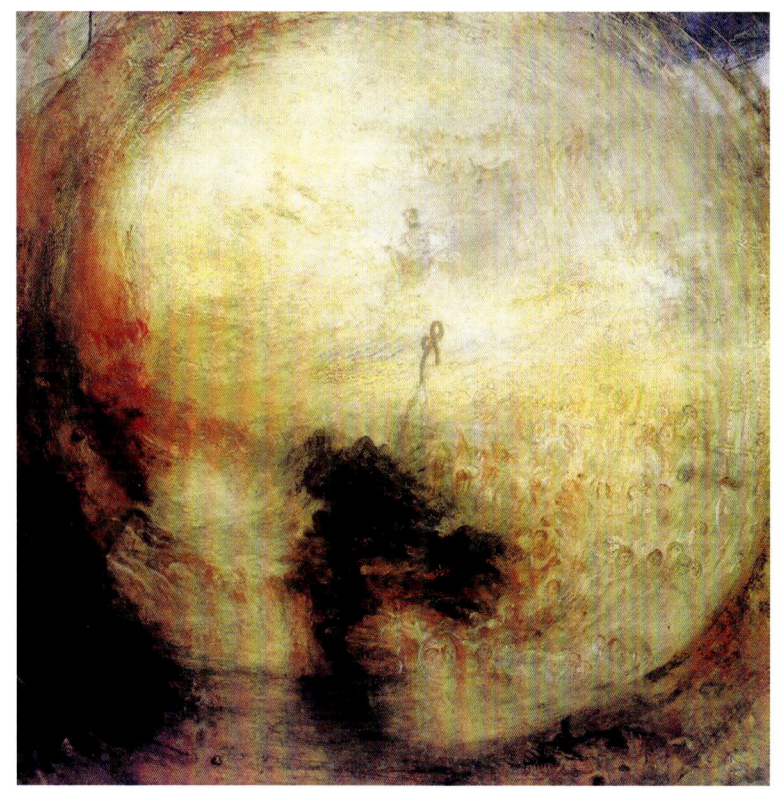

Cómo retratar la naturaleza

Desde los detalles minuciosos de las alas de los insectos hasta la inmensidad de las montañas, la belleza de la naturaleza ha inspirado a los artistas durante siglos. Para plasmar esa magia, los pintores de paisajes y naturaleza usan una observación rigurosa y un manejo hábil de los pigmentos para reproducir los colores de elementos naturales.

De niño, el artista británico J. M. W. Turner (1775-1851) solía tumbarse durante horas boca arriba para ver el cielo. Aquello que captaba en esas largas y profundas inmersiones a la luz del día lo dibujaba sobre el lienzo. La luz diurna combina la luz solar con la luz difusa del cielo, cuyo tono varía entre el naranja y el azul a lo largo de una curva bien definida. Turner representó este degradado característico en sus paisajes más fieles y en la serie abstracta *Colour Beginnings*.

El contraste azul y naranja en sus obras conecta con los espectadores porque el cerebro humano reconoce esas regularidades propias de la luz natural. El sistema óptico evolucionó según ese tipo de iluminación y desarrolló mecanismos específicos para codificar el color, entre ellos una comparación neuronal entre azul y amarillo, parte del sistema perceptivo cerebral. Este órgano está adaptado para registrar cambios de tono y luminosidad que revelan variaciones en la luz del día y anticipan cambios en el entorno.

La hora del día puede percibirse mediante señales cromáticas en los cuadros, un recurso visible en las dos obras de Turner que homenajean la teoría del color de Goethe, expuesta en su libro de 1810 sobre la percepción del color bajo distintas condiciones. En el lienzo de la mañana, *Luz y color, teoría de Goethe: la mañana después del diluvio* (1843), los colores brillantes rodean un centro blanco amarillento. En la obra complementaria de la tarde, *Sombra y tinieblas: la tarde después del diluvio*, los azules oscuros y negros se agrupan en un núcleo de tonalidades frías. Ambas obras muestran los cambios en el espectro de luz desde el amanecer al anochecer.

El pintor francés Claude Monet (1840-1926) también pintó los cambios de luz del día. *La catedral de Rouen* se ilumina de dorado bajo el sol matinal, adquiere matices rosados y grises al atardecer y se tiñe de violeta con la niebla. Monet aplicó el principio de la constancia del color (*véase* página 99) para representar las variaciones de iluminación, que suelen pasar desapercibidas, porque el cerebro tiende a percibir el color constante de la piedra de la catedral.

PÁGINA ANTERIOR
Luz y color, teoría de Goethe: la mañana después del diluvio (superior). *Sombras y tinieblas: la tarde después del diluvio* (inferior). Óleo sobre lienzo. J. M. W. Turner, 1843.

Los nenúfares, Claude Monet, 1919.
Para apreciar las combinaciones
de color que buscaban los
impresionistas como Monet,
conviene alejarse del lienzo.
El mismo principio lo emplean
algunos peces de arrecife para
camuflarse (*véase* página 210).

Arte digital

Sorprendentemente, el mundo digital se ha convertido en un nuevo entorno donde sumergirnos aún más en los colores de la naturaleza. *Sanctuary of the Unseen Forest* es un ejemplo de videoinstalación inmersiva que explora el vínculo entre los humanos y la naturaleza. Esta obra, creada por el grupo de artistas de arte experimental Marshmallow Laser Feast en colaboración con Andres Roberts, fundador del proyecto Bio-Leadership, revela las complejas estructuras y conexiones de una ceiba (*Ceiba pentandra*) en plena selva tropical colombiana. La instalación transporta al espectador a una jungla exuberante y dinámica, dominada por tonos verdes, marrones y terrosos. El uso intencionado del color, algunos imposibles de reproducir en papel o tela, refuerza esa sensación de conexión. Los verdes intensos pueden evocar crecimiento, vitalidad y armonía, lo que refleja el poder regenerativo de la naturaleza.

El grupo de artistas surcoreano a'strict proyectó en alta definición una playa estrellada con olas de un azul resplandeciente para crear una escena hipnótica bajo la luz de las estrellas. El color azul acentúa el carácter mágico y etéreo de la instalación, en parte debido a su constante transformación, un rasgo posible gracias a las tecnologías.

El arte digital inmersivo puede trasladar a los espectadores a escenarios artificiales que recrean paisajes y ecosistemas. Gracias a la realidad virtual (RV) o la realidad aumentada (RA), se pueden explorar las reproducciones digitales de la naturaleza e interactuar con ellas. El color cumple una función esencial al aportar profundidad, vitalidad y una resonancia emocional a la experiencia. Mediante el uso de distintas tonalidades, los artistas pueden crear sensaciones o atmósferas concretas: la calma de un bosque frondoso, la serenidad de un atardecer o los matices cautivadores de un arrecife.

Algunas instalaciones de arte inmersivo integran elementos interactivos donde el color reacciona ante la presencia o movimientos de los espectadores. Esto se logra mediante sistemas y sensores del movimiento, haciendo que los colores cambien según las acciones del espectador. Así, se crea una experiencia interactiva, dinámica y estimulante que une a la obra de arte con quien la contempla.

Estas experiencias virtuales ofrecen nuevas formas de percibir los colores reales de la naturaleza, donde el color entrelaza la tecnología y el arte.

PÁGINA SIGUIENTE
El arte digital revoluciona las experiencias inmersivas al situar como elemento central el color. Al inspirarse en la naturaleza, fomenta la familiaridad en los entornos digitales, favorece el compromiso y la expresividad.

PÁGINAS 252-253 *Feeding Consciousness*. Espacio inmersivo de Dominic Harris.

PINTAR EL COLOR Y LA LUZ

El contraste entre luz y oscuridad en la percepción del color interviene en el arte visual. El ojo tiende a captar los contrastes dentro de una imagen, porque es ahí donde se produce lo verdaderamente significativo.

Una capa uniforme de luz no aporta información sobre los objetos ni materiales. Esa información visual surge del patrón espacial de la luz y el color, de las transiciones entre zonas de alta y baja intensidad que los fotorreceptores perciben como variaciones en la estimulación.

Las intensidades de luz reflejada en la naturaleza cubren una franja inmensa: una escena solar puede ser hasta cien millones de veces más brillante que bajo la luna llena. Sin embargo, pintar un lienzo reduce esa gama solo cien veces, al variar desde las zonas más oscuras hasta las más luminosas.

El talento de Rembrandt (1606-1669) residía en reproducir claroscuros que guían la mirada, pero generan un dramatismo único. En *La ronda de noche*, retrato colectivo de milicianos, evitó la tradicional composición estática para crear una escena llena de dinamismo. Frente al fondo oscuro, el teniente, vestido de oro, resplandece como un faro y está pendiente de la mano enérgica de su capitán, cuyo rostro destaca por una gorguera blanca sofisticada que contrasta con la silueta sombría del centro de la escena.

Un segundo foco ilumina a una niña al fondo, vestida con colores delicados y celestiales, en contraste con el armamento pesado que la rodea; aquí el claroscuro acentúa la disparidad entre la guía espiritual y la protección terrenal. A pesar de la monumentalidad, los pequeños detalles revelan la dedicación de Rembrandt por representar lo tangible, con una paleta limitada a negros, marrones, amarillos y rojos. De cerca, el espectador percibe un punto de luz en el pendiente de perlas de la muchacha, que transforma su tono azul pálido en una superficie traslúcida, mientras las partículas blancas y luminosas de la espada le confieren un brillo metálico único.

La combinación sutil de pigmentos que consigue Rembrandt arranca a las figuras de las sombras y convierte los contrastes visuales en elementos casi palpables.

La ronda de noche. Óleo sobre lienzo. Rembrandt van Rijn, 1642.

Edvard Munch

Edvard Munch (1863-1944), el pintor noruego más reconocido, dedicó más de una década a *El Friso de la Vida*, expresando las alegrías y penas que marcan la existencia humana, nacidas de sus propias experiencias personales, pero extendidas a una dimensión universal que logra conectar con todos los espectadores.

En 1899, cuando pintó el último cuadro de la serie, *La danza de la vida*, Munch ya había desarrollado su estilo simbolista, con el que transformó a individuos en iconos de etapas de la feminidad o emociones intensas, y plasmó sentimientos básicos con colores primarios. Una línea sinuosa de costa atraviesa todos los cuadros y, más allá, se extienden los azules intensos

del cielo y del mar, que sirven como telón de fondo para las personas, que representan el ciclo vital.

La danza de la vida. Óleo sobre lienzo. Edvard Munch, h. 1899-1900.

    Tres mujeres sostienen la estructura del cuadro, vestidas de blanco, rojo y negro, inmóviles sobre un suelo verde intenso. La joven de la izquierda, con su vestido blanco, representa la inocencia y la pureza, y baja la mirada para arrancar una flor en un gesto que anticipa el inicio del romance. En el centro, la mujer adulta vestida de rojo transmite una pasión desbordante; sus faldas rodean los pies de su pareja mientras lo mira.

    A la derecha, una figura demacrada y vestida de negro contempla la escena con un rostro marcado por la tristeza y dureza, mientras se coloca las manos entrelazadas sobre las ingles; Munch la representa como símbolo de la muerte y la separación. Esta mujer mayor guarda luto, quizá por lo que ha perdido o por la certeza del final que se avecina para la pareja que baila. Ningún amor es completamente seguro ni estable, ya que en otro rincón del cuadro, un hombre con el rostro pintado de verde, símbolo de celos, se aferra de manera posesiva a su compañera.

    Munch reprendía a los críticos que no comprendían que un rostro no tiene un solo color, ni ese «delicado tono rojizo»; él pintaba deliberadamente rostros azules o verdes para expresar dolencia, ya sea del cuerpo o de la mente. Al representar el ciclo de la vida, escribió que su propósito no era pintar lo visible, sino lo que podía recordar, captando para siempre el recuerdo de su sentimiento más profundo.

Ocho años después de terminar *La danza de la vida*, Munch sufrió una crisis nerviosa y fue hospitalizado; al estabilizarse, sus cuadros se volvieron más coloridos; pintaba más en blanco que en negro.

Piet Mondrian

Al igual que Edvard Munch, el artista holandés Piet Mondrian (1872-1944) usó los colores primarios para transmitir un significado, aunque en su caso no hacía una referencia simbólica a emociones universales, sino que buscaba la pureza del color. En su arte neoplasticista, Mondrian aspiraba a revelar la «verdadera realidad» oculta bajo las apariencias superfluas de la vida cotidiana.

Los cuadros de Mondrian de la década de 1920 se reconocen de inmediato por sus líneas negras rectas que enmarcan bloques de amarillo, rojo, azul y blanco; las líneas solo se cruzan en ángulos rectos y los colores se aplican de manera uniforme, sin matices ni gradaciones. En estas composiciones austeras, Mondrian intentaba equilibrar las fuerzas opuestas de la naturaleza y, al mismo tiempo, poner de manifiesto su dinamismo. De esta manera, las líneas verticales y horizontales parecen enfrentarse y cruzarse, mientras que los colores contrastantes se entremezclan y resuenan.

Mondrian explicaba que los rectángulos no eran una elección deliberada, sino el resultado natural de la intersección entre líneas opuestas; en su concepción, las formas rectangulares no eran las protagonistas, ya que el verdadero foco estaba en el color. Gracias a las manos de Mondrian, el rojo, el azul y el amarillo se convertían en entidades independientes. Su objetivo era garantizar que cada uno de ellos afirmara su individualidad y pudiera hablar por sí mismo.

Aunque Mondrian se guiaba por una filosofía personal del arte, su pintura revela principios clave de la ciencia de la visión y los colores en la naturaleza. Se sabe desde hace tiempo que, al situar dos colores juntos, su apariencia cambia; por ejemplo, una mancha gris sobre un fondo verde puede parecer rosada, y un azul se intensifica si está junto al naranja. Estos efectos de contraste cromático provienen de mecanismos básicos del sistema

El estímulo de Mondrian

Ejemplo de un estímulo mediante un cuadro de Mondrian.
Los científicos de la visión lo utilizaron para demostrar que mecanismos
de constancia del color no dependen del reconocimiento de objetos
cotidianos. Aun cuando se modifica la luz que incide sobre el conjunto,
el rectángulo cian sigue pareciendo cian.

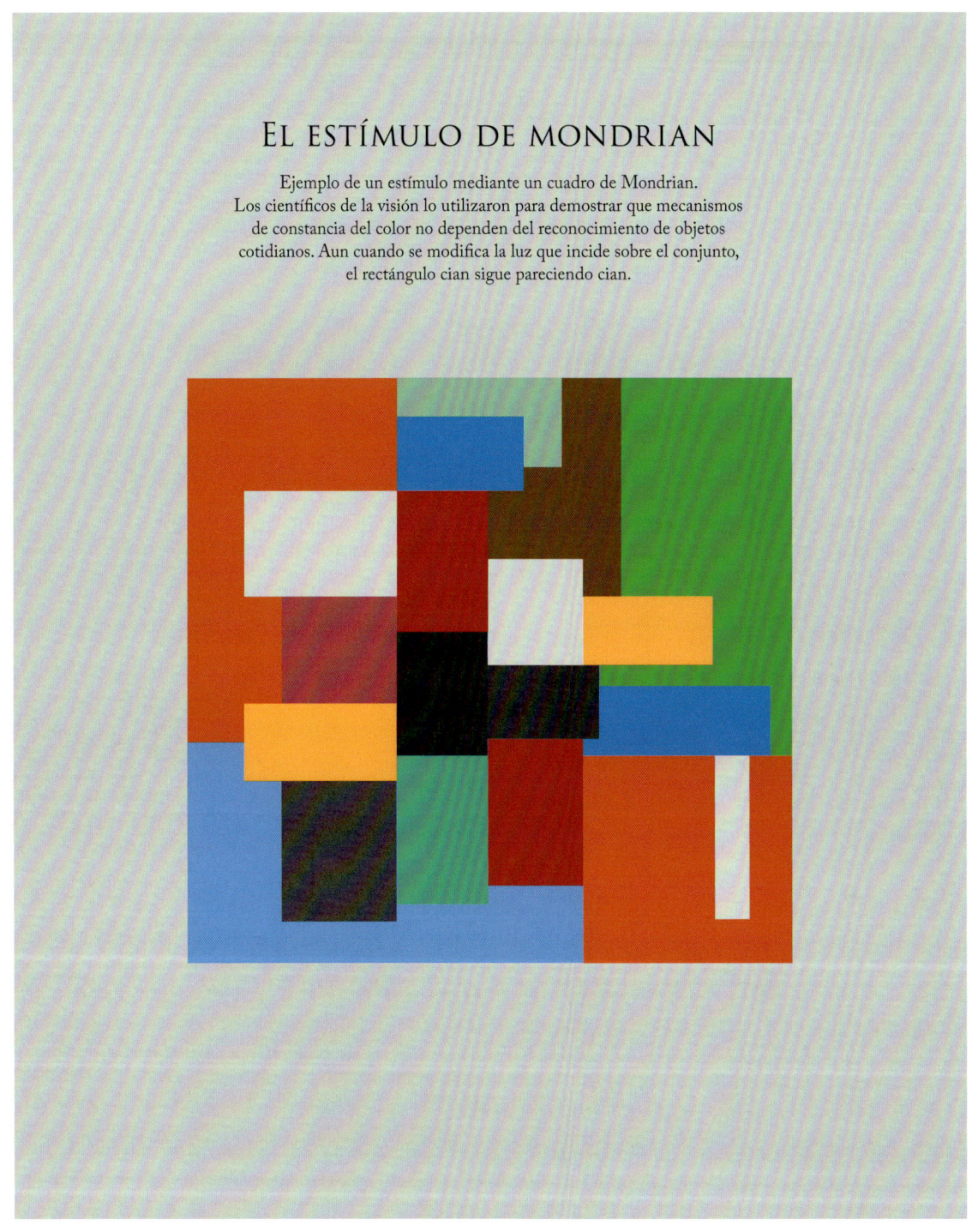

Composición en rojo, amarillo y azul. Óleo sobre lienzo. Piet Mondrian, 1935.

óptico, que compara las señales de neuronas cónicas opuestas en el espacio (*véase* página 97).

Posteriormente, los oftalmólogos demostraron que la técnica de Mondrian, al separar los colores adyacentes con líneas negras, anulaba esa interacción. Así, el contraste cromático se reducía y cada color se percibía solo. Este principio también aparece en la naturaleza: los patrones de muchos animales incluyen franjas negras entre zonas de otro color para asegurar que el sistema óptico reciba correctamente el mensaje.

Mondrian creía que al crear esta «equivalencia mutua» entre los colores produciría unidad a partir de esta oposición fundamental. De forma apropiada, los oftalmólogos actuales suelen usar los llamados «estímulos de Mondrian» para estudiar la constancia del color, es decir, la estabilidad del cambio.

SINESTESIA

Cuando se apagan las luces de la sala y el violonchelista comienza a tocar, un disco púrpura brillante aparece flotando en la esquina inferior derecha del escenario. George lo ve con claridad, aunque nadie más percibe nada. No obstante, no está alucinando ni sufre ninguna enfermedad, ya que para él es completamente normal ver colores cuando la música entra en sus oídos, al igual que para la mayoría de las personas es normal ver colores cuando la luz penetra en los ojos.

George tiene sinestesia. Las personas con esta condición experimentan sensaciones en un sentido diferente al que normalmente provocaría un estímulo determinado.

Existen muchas formas de sinestesia, cada una definida por un desencadenante (el estímulo que entra) y una respuesta (la percepción de una característica distinta). Por ejemplo, si alguien percibe un sabor salado al ver un triángulo, se trata de una sinestesia gustativa-visual. En otros casos, ciertas letras evocan colores específicos, como una A percibida como roja; esto se conoce como sinestesia grafema-color. Estas percepciones se combinan de forma automática e involuntaria, así como solo en una dirección, según el tipo. Asimismo, el vínculo es único en cada persona, porque alguien con sinestesia música-color puede ver amarillo al escuchar *do* menor, mientras otra persona puede ver azul ante ese mismo estímulo.

Hace treinta años, los científicos estimaban que solo una de cada 2000 personas tenía sinestesia, pero hoy se cree que esta cifra podría ser mucho mayor, como una de cada veinte. Existen muchos tipos de desencadenantes, algunos más abstractos o conceptuales. Ángela, por ejemplo, ve las personalidades como colores distintos: sus mejores amigos tienen personalidades verdes, pero las personas serias son azules. Para Dimitri Nabokov, cantante de ópera e hijo del novelista Vladimir Nabokov, ciertos estados emocionales evocan un color, como una intensa expectativa que ve rojo violáceo. Estas formas de sinestesia se conocen como cromestesia. El tiempo también puede ser un desencadenante, pues una de las formas más comunes es percibir los días de la semana con colores distintos.

Sea cual sea el estímulo, la respuesta más frecuente es el color. ¿Por qué aparece con tanta regularidad? Una hipótesis sugiere que, durante el desarrollo, las regiones cerebrales cercanas suelen formar conexiones entre sí, incluso si están especializadas en funciones distintas. En las personas con sinestesia, estas conexiones se mantienen activas después de la infancia, mientras que en la mayoría se eliminan mediante el proceso de poda neuronal. Las áreas del cerebro que procesan el color están cerca de las que se ocupan de los objetos, rostros y emociones, por lo que, al percibir letras, números o incluso el dolor, la zona del color puede activarse por esas conexiones persistentes.

Es posible que todos hayamos nacido con una forma de sinestesia, predispuestos a experimentar un mundo multisensorial. El cerebro de los bebés cuenta con una red de conexiones mucho más densa que la de los adultos, y las conexiones que unen las áreas visuales y auditivas son muy fuertes. Las personas sinestésicas suelen tener mejor memoria que las demás y ser más creativas y artísticas. Crecer implica dejar atrás muchas de estas conexiones, y con ellas, una capacidad única.

Auf Weiss II. Vasili Kandinski,
1923.

MARIPOSAS, ESCARABAJOS, PÁJAROS Y BIOINSPIRACIÓN

Las mariposas nunca dejarán de asombrarnos.

El color y los patrones de las alas de las mariposas están concebidos para sus ojos y los de otros animales, ya que han evolucionado para atraer al sexo opuesto, para disputas territoriales y, en el caso de las manchas que imitan ojos, desconcertar y ahuyentar a los depredadores. Hoy, algunos mecanismos que permiten a insectos, como mariposas y otras especies, producir colores están siendo aprovechados en medicina y en distintas aplicaciones de ingeniería óptica. Los colores pueden obtenerse tanto de pigmentos como de efectos ópticos, como la iridiscencia, donde la luz se refleja o divide de forma selectiva, como en un arcoíris o una pompa de jabón. Las mariposas, junto con otros insectos, recurren a estos mecanismos estructurales para generar colores. A menudo se habla de microestructuras o nanoestructuras, unas formaciones diminutas (capas repetitivas, ramificaciones, esferas u ovoides semirregulares) que solo pueden observarse con microscopios electrónicos de alta resolución. Estos detalles minúsculos ayudan a comprender cómo se logra reflejar un único color intenso, como el azul de las mariposas *Morpho*.

Manipular la luz es ya no solo una ciencia, sino también una gran industria, porque estamos aprendiendo a detectar y generar luz de forma útil en nuestro entorno. En este proceso, muchas veces imitamos o adaptamos los métodos que la naturaleza desarrolló primero. Los mecanismos que captan y reflejan luz en las alas de mariposas se aplican en el diseño de paneles solares y diodos emisores de luz (led), aumentando su eficiencia. Esto forma parte de la llamada ingeniería bioinspirada o biomimética.

Las alas de la mariposa *Morpho*, por ejemplo, sirvieron de modelo para crear un biosensor portátil, ligero e integrado, utilizado en el diagnóstico precoz de enfermedades neurodegenerativas como alzhéimer y párkinson. La mariposa *Chorinea faunus*, con sus asombrosas alas transparentes, posee una nanoestructura que podría servir para monitorear el glaucoma mediante la detección de la presión intraocular. Por su parte, la mariposa Ulises presenta nanoestructuras en capas que reflejan el azul, lo cual ha inspirado avances en el diseño de sensores térmicos aplicados en la industria y medicina.

Las nanoestructuras fotónicas transparentes de las alas de la mariposa *Chorinea faunus* sirven de inspiración al desarrollo de sensores implantables para mejorar la visión humana.

PÁGINAS 264-265 Escamas de alas de mariposa. Micrografía óptica de las escamas de un ala de mariposa. El color de las alas de las mariposas y polillas puede deberse a pigmentos alojados en sus escamas o a la iridiscencia generada por la estructura de esas escamas. Esta iridiscencia se produce por la refracción de la luz a través de las estructuras microscópicas de estas escamas.

Aves y escarabajos: el blanco y el negro

A diferencia de los colores intensos y brillantes que muchas mariposas exhiben mediante la reflexión de la luz, los escarabajos *Cyphochilus* tienen una cubierta blanca opaca. Aquí, la dispersión de la luz está provocada por diminutas escamas elípticas de su cuerpo, que generan un reflejo blanco pero mate, parecido al de la nieve. Inspirándose en el diseño de este escarabajo, se ha desarrollado una pintura blanca a base de celulosa, no tóxica, que puede sustituir al dióxido de titanio, un compuesto muy usado pero nocivo presente en muchos productos cotidianos.

Asimismo, se investiga el negro que exhiben ciertos animales y, una vez más, el mecanismo no depende de pigmentos, sino de la manipulación de la luz mediante estructuras. Las aves del paraíso suelen asociarse con colores extravagantes, y pocas resultan más llamativas que los reflejos metálicos de las aves del paraíso fusil o los machos de las aves del paraíso soberbia de Vogelkop. Sus plumas llenas de color encierran una auténtica magia óptica, pues, gracias a una estructura especial y a la presencia de «bandas fotónicas», son capaces de generar, modificar o apagar el color según desde donde se observe. No obstante, no solo el brillo llama la atención, ya que las plumas negras de los machos, que actúan como fondo para resaltar esos despliegues de color, también ocultan un secreto óptico. Se encuentran entre las superficies más oscuras de la naturaleza, capaces de absorber más del 99,5 por ciento de la luz que las alcanza, lo que dificulta fotografiarlas o enfocarlas. Esta oscuridad se consigue de forma similar a la usada en paneles solares y recubrimientos de telescopios espaciales. Las plumas presentan estructuras microscópicas ramificadas, comparables a arrecifes de coral o cepillos para botellas, que actúan como trampas de luz donde los rayos se reflejan y dispersan sin apenas escapar.

Por último, en esta historia del blanco y negro, se usan mantas con rayas de cebra en algunos caballos para evitar que las moscas los piquen o se posen. Esta imitación de inspiración biológica parte de la observación de que las cebras, a diferencia de otros animales con colores más simples, son menos molestadas por moscas gracias a sus rayas. El patrón repetido de franjas blancas y negras en movimiento desorienta su visión del mismo modo que puede confundir a un león (*véase* página 192), lo que evita sus mordeduras.

LA CONSTANCIA DEL COLOR Y LA FOTOGRAFÍA A COLOR

Hemos aprendido a percibir un objeto con el mismo color, incluso cuando cambia la luz que lo ilumina. ¿Cómo puede lograr hacer lo mismo una cámara?

Las señales de color de la naturaleza deben conservar su contenido informativo para que los comportamientos se mantengan constantes. Sin embargo, si se consideran los cambios de iluminación que experimentamos a lo largo del día, como también les ocurre a otros animales, junto con el mecanismo de constancia del color que anula dichos cambios, queda claro que nuestra percepción del color no es simple. Aunque no se comprende completamente, la constancia del color proviene tanto de la experiencia previa (por ejemplo, seguimos viendo un limón como amarillo porque sabemos cómo debe ser) como de mecanismos fisiológicos de «corrección» que comienzan en el ojo y continúan en el cerebro hasta las zonas donde se almacenan los recuerdos de los objetos cotidianos (*véase* página 98).

La fotografía a color no tiene un cerebro y nuestros sistemas fotográficos dependen de mecanismos compensatorios para resolver ese problema. Todo el sistema, desde el tipo de sensor de color, generalmente un CCD (dispositivo de acoplamiento de carga), hasta el controlador de visualización y la pantalla, puede influir en el equilibrio del color y el aspecto final de la imagen. Si se imprime, también influyen la impresora, la tinta y el papel.

«Equilibrio de blancos» es un término familiar para muchos fotógrafos y representa un primer paso dentro de un proceso subjetivo. Ajustarlo significa indicarle a la cámara que regule la proporción entre rojo, verde y azul en sus sensores, igual que nuestro cerebro adapta la información recibida por los fotorreceptores del ojo. Los fotógrafos eligen entre distintos entornos de iluminación designados con nombres que corresponden a condiciones de luz típicas, como luz natural, dura, flash, de bombilla o fluorescente. También existe la opción de modo «auto», que permite a la cámara equilibrar el color según la iluminación presente. En fotografía subacuática se recurre a medidas más extremas, como usar filtros rosas para compensar la pérdida de longitudes de onda largas que absorben las aguas azules.

TIPOS DE EQUILIBRIO DE BLANCOS

Diferentes ajustes de equilibrio de blancos seleccionados de una cámara al fotografiar la imagen de un bosque. Este proceso de corrección imita los mecanismos de constancia del color que realiza nuestro cerebro y el de otros animales para compensar las variaciones de iluminación y lograr que los colores de los objetos parezcan iguales.

| LUZ DIFUSA | LUZ NATURAL | LUZ DURA | LUZ DE BOMBILLA (TUNGSTENO) | LUZ FLUORESCENTE | LUZ DE FLASH |

El cambio climático
y un mundo descolorido

Los colores del mundo están cambiando. El cambio climático está afectando a la naturaleza: reduce nuestros bosques, destruye los arrecifes de coral y transforma el desierto.

Más allá de los impactos visibles que provocan el cambio climático y la explotación global, como la deforestación, la desertificación y la aceleración en las extinciones, estamos despojando al planeta de una parte esencial: el color.

Aunque para nosotros, que vivimos en tierra firme, no siempre sea evidente, uno de los efectos más alarmantes de nuestras actividades es el calentamiento de los océanos. Las aguas más cálidas generan ciclones y huracanes más intensos y frecuentes, que alteran los patrones de lluvia estacionales en tierra. Además, en los océanos también se están produciendo transformaciones significativas. La pérdida de hábitats submarinos resulta difícil de seguir porque no pasamos mucho tiempo en esos entornos. Aun así, una comunidad creciente de buceadores, científicos e incluso turistas está ayudando a documentar esos cambios.

Uno de ellos es el blanqueamiento de los arrecifes de coral. Ya hemos perdido más de la mitad de los arrecifes del planeta y su declive seguirá inevitablemente durante décadas, a menos que frenemos pronto el cambio climático. Los corales se blanquean, es decir, pierden color y se vuelven blancos cuando dejan de albergar en sus pólipos las algas simbióticas esenciales, que le dan esos tonos verdes y marrones y aportan nutrientes mediante la fotosíntesis.

Además de mostrar esos colores tan característicos, el coral ofrece refugio a una gran variedad de habitantes multicolor del arrecife. Cuando desaparece el coral, también lo hacen muchos de los peces e invertebrados que dependen de él como sustento y protección. El entorno más colorido del planeta se está oscureciendo.

CoralWatch es un programa de ciencia ciudadana que parte de una idea sencilla del diseño de interiores: un catálogo de pinturas o tarjeta de color. Aquí no se compara el color de una pintura con un objeto, sino con el estado de salud del coral. Los tonos verdes y marrones oscuros indican un coral sano lleno de algas; los que se acercan al blanco revelan un estado deteriorado

Árboles dañados y en buen estado
por condiciones meteorológicas
extremas, Dolomitas, Italia.

Blanqueamiento del coral
en la Gran Barrera de
Coral de Queensland,
Australia.

SUPERIOR Una tarjeta
de colores de CoralWatch
(www.coralwatch.org)
utilizada en la Gran Barrera
de Coral. Al igual que con
la pintura de las paredes
de las casas, los tonos marrones
y verdes se pueden registrar
con facilidad. Estos datos
indican a los científicos el
estado de salud de los arrecifes.
Para los participantes no
especializados de CoralWatch,
los datos invitan a reflexionar
sobre por qué se están
blanqueando los arrecifes
y cómo preservar sus colores
para las generaciones futuras.

PÁGINAS 274-275 Proyecto
de restauración de un arrecife
artificial en Malasia.

y blanqueado. Esta comparación directa evita las distorsiones que causaría
una cámara por problemas de estabilidad o equilibrio de blancos y colores.

El blanqueamiento del coral puede producirse cuando las temperaturas
del mar son elevadas durante un período prolongado, como resultado del
cambio climático. Mientras redactamos este libro, estamos presenciando
otro fenómeno sin precedentes, el sexto en solo ocho años. Si durante estos
episodios la temperatura baja, algunos corales pueden salvar y recuperar
parte de su color, aunque sigan en tensión. Si las temperaturas se mantienen
demasiado altas, los corales blanqueados, a veces de un modo casi fluorescente,
mueren, y el espacio libre lo ocupan céspedes algales (algas marinas), que
son más resistentes y dificultan la regeneración del coral. En muchos países
se han puesto en marcha programas de restauración: se cultivan corales
duros y blandos en condiciones controladas para resembrarlos y plantarlos
en zonas de arrecife dañadas por el cambio climático. Dada la enorme
superficie por restaurar y la frecuencia creciente del blanqueamiento masivo,
estos esfuerzos pueden parecer inútiles, pero es vital mantenerlos a largo
plazo. Ahora bien, la verdadera solución consiste en abordar el problema
de raíz y revertir el cambio climático reduciendo de forma rápida
y contundente el uso de combustibles fósiles y eliminando el dióxido
de carbono de la atmósfera terrestre.

Glosario

Aguas profundas: zonas del océano situadas a más de 200 m de profundidad.

Antocianinas: pigmento presente en las plantas, especialmente en las hojas, flores y frutos, que produce colores rojizos, púrpuras o azulados.

Bastones: células fotosensibles de la retina que responden únicamente a niveles bajos de luz (visión escotópica). Son responsables de la «visión nocturna» y proporcionan una escasa nitidez visual.

Bioluminiscencia: conocida también como «luz viva». Surge de las reacciones químicas que se producen en ciertos seres vivos, sobre todo en peces de aguas profundas y luciérnagas.

Carotenoide: pigmento que se encuentra tanto en las plantas como en animales. Además, produce tonalidades amarillas, naranjas o rojas.

Color, psicología del: ciencia que estudia cómo influyen los colores en las emociones, el comportamiento y las percepciones humanas.

«Color del año»: designación que las empresas dedicadas a los sectores del diseño y la moda otorgan cada año a un color concreto que, según las previsiones, influirá en las tendencias de ese año.

Color estructural: color que se genera cuando la luz interactúa con superficies o partículas muy finas presentes en un material.

Conos: células de la retina sensibles a la luz y que reaccionan a zonas restringidas del espectro, así como a niveles de luz brillantes (visión fotópica). Es un fotorreceptor.

Constancia cromática: fenómeno perceptivo que se caracteriza porque los colores de los objetos tienden a mantener una coherencia visual, aunque las condiciones de luz varíen.

Contracoloración: mecanismo de camuflaje que consiste en que un animal marino emita luz desde la parte inferior del cuerpo para ocultar su silueta cuando se ve desde abajo.

Cristales fotónicos: materiales con una estructura fina y periódica a lo largo de uno, dos o tres ejes. Los cristales fotónicos de las plantas y animales suelen producir colores estructurales.

Cromóforo: molécula sensible a la luz y que deriva de la vitamina A.

Dispersión: redirección de los fotones de luz al interactuar con partículas o estructuras microscópicas. Es el fenómeno que explica, por ejemplo, el color azul del cielo o el de algunos pájaros.

Feomelanina: derivado químico de la melanina que produce un color rojizo o amarillento.

Fluorescencia: proceso mediante el cual parte de la luz absorbida por un material se reemite de inmediato como una luz de mayor longitud de onda. Por ejemplo, la luz azul puede emitirse como verde, y la luz verde como roja.

Foseta, órgano de: órgano situado en la cabeza de algunas serpientes que es capaz de detectar la radiación infrarroja (el calor).

Fosforescencia: proceso similar a la fluorescencia, con la diferencia de que la luz puede seguir emitiéndose durante mucho más tiempo, incluso después de que haya desaparecido la fuente que la provocó.

Fotóforo: órgano en el que se produce la bioluminiscencia. Está presente con frecuencia en peces de aguas profundas y en gambas.

Fóvea: pequeña hendidura cerca del centro de la retina (en los humanos, mide alrededor de 1 mm de ancho), donde los conos están muy concentrados, no hay bastones y las demás capas de la retina se encuentran desplazadas. Aquí se enfocan las partes fijas de las imágenes, es decir, donde la visión alcanza su mayor nitidez.

Gen: fragmento pequeño de ADN que contiene la información necesaria para fabricar una proteína.

Iluminación: luz que incide sobre las superficies, a diferencia de la luz que reflejan esas mismas superficies. La luz reflejada por superficies como la nieve o el follaje puede, por el contrario, actuar como iluminación indirecta sobre otras zonas.

Infrarrojo: luz con longitudes de onda más largas, por encima del rojo, que normalmente no es visible para el ser humano.

Iridiscencia: fenómeno de reflexión estructural que provoca un cambio de color al variar el ángulo desde el que se observa. Este efecto se percibe con frecuencia en la pigmentación de aves o insectos.

Kelvin, escala: escala de temperatura que utiliza las unidades del mismo tamaño que las de la escala Celsius, pero que comienza en el «cero absoluto», unos 273 grados por debajo de 0 °C.

Luminosidad: atributo de un color que indica su brillo en comparación con una superficie blanca pura bajo la misma iluminación. En arte y diseño también se conoce como valor.

Luz de banda ancha: luz que se caracteriza por cubrir un amplio rango de longitudes de onda sin interrupciones. Un ejemplo claro de este tipo de luz es la diurna.

Melanina: pigmento que aparece principalmente en los animales y que genera colores como el marrón, el marrón oscuro o el negro.

Ojo compuesto: tipo de ojo en el que la imagen se forma a partir de varios sistemas ópticos distintos, como el que presentan muchos invertebrados, entre ellos insectos y crustáceos.

Ojos simples: estructura de ojo en la que la imagen se forma mediante un único sistema óptico. Se encuentra en la mayoría de los vertebrados y también en algunos invertebrados, como ciertos moluscos.

Oponente, proceso: proceso que se basa en la diferencia de las señales entre dos tipos de conos, por ejemplo, entre los conos L (sensibles a longitudes de onda largas) y los conos M (sensibles a longitudes de onda medias), o «rojo-verde». No es lo mismo que los colores opuestos o complementarios de la rueda cromática.

Opsinas: proteínas de la membrana que se adhieren a los cromóforos y transforman la luz absorbida en señales neuronales. Las opsinas se localizan sobre todo en los ojos de los animales, aunque también se encuentran en otros órganos como la piel o el cerebro.

Óptico, sistema: estructuras del ojo que la luz debe atravesar antes de llegar a los fotorreceptores sensibles a la luz. En los vertebrados incluyen la córnea, el humor acuoso, el cristalino y la retina interna.

Pigmento visual: moléculas sensibles a la luz que se encuentran en el interior de los fotorreceptores, formadas por la unión de una proteína opsina con un cromóforo.

Pigmentos naturales: sustancias colorantes que se extraen de distintas fuentes naturales, como plantas, animales, minerales o microorganismos.

Proteína: molécula que se obtiene al interpretar la información de un gen y traducirla en una cadena de aminoácidos.

Rabdoma: región de la membrana fotorreceptora presente en los ojos de los invertebrados. Estas células cumplen una función equivalente a la de los bastones y conos que se hallan en los ojos de los vertebrados.

Radiación del cuerpo negro: objeto que, al estar caliente, produce luz, en lugar de reflejar la luz que recibe. El espectro de esta luz depende de la temperatura del objeto.

Reflectancia: proporción de la luz que incide sobre una superficie, un material o un determinado órgano (por ejemplo, la piel) y que, además, reflejan. Esta luz suele estar determinada por la longitud de las ondas. Así, una superficie «blanca» refleja el cien por cien de la luz en cada longitud de onda.

Retina: tejido fino, complejo y con múltiples capas que recubre la parte posterior del ojo en los vertebrados. Su capa externa contiene los fotorreceptores (conos y bastones), mientras que las demás capas comprenden las células que procesan las respuestas de los fotorreceptores, además de otras células auxiliares.

Saturación: atributo de un color que indica la intensidad de su tonalidad en relación con su propia luminosidad. Por ejemplo, en el arte y el diseño, un matiz y un tono pueden tener la misma saturación, aunque tengan niveles de brillo distintos.

Tendencias según la estación del año: en el campo de la moda y el diseño de interiores, el uso y las aplicaciones del color suelen variar según la estación del año. De este modo, en primavera predominan los colores pastel, mientras que en otoño destacan los tonos cálidos y terrosos.

Tono o tonalidad: atributo de un color que describe sus porcentajes de rojizo, verdoso, azulado o amarillento; es lo que suele interpretarse como «color». El matiz se define por el ángulo que se forma alrededor de una rueda de color.

Ultravioleta: luz de longitudes de onda más cortas que el violeta y que, por lo general, no es perceptible para el ser humano.

Xantofila: pigmento de color amarillo o marrón que está presente en las hojas de las plantas y, en ocasiones, en algunos animales.

LECTURAS COMPLEMENTARIAS

Albers, Josef (2016). *Interacción del color*, Alianza Editorial.

Ball, Philip. (2004). *La invención del color*, Turner.

Baty, Patrick (2017). *The Anatomy of Colour*, Thames and Hudson.

Baty, Patrick; Davidson, Peter; Charwat, Elaine; Simonini Giulia y Karliczek, André (2023). *Los colores de la naturaleza*, Folioscopio.

Best, Roy S. (2016). *Color Science and the Visual Arts*, Getty Publications.

Best, J. (ed.) (2017). *Colour Design: Theories and Applications*. (2.ª edición), Woodhead Publishing, Elsevier.

Bohren, C. F. (1991). *What Light Through Yonder Window Breaks?*, Wiley.

Bohren, C. F. (2001). *Clouds in a Glass of Beer*, Dover.

Brainard, David H. y Hulbert, Anya C. (2015). «Colour Vision: Understanding #TheDress», *Current Biology*, *25* (13), 4-551.

Cronin, T. W.; Johnsen, S.; Marshall, N. J. y Warrant, E. J. (2014). *Visual Ecology*, Princeton University Press.

Deutscher, Guy (2011). *Through the Language Glass: Why The World Looks Different In Other Languages*, Arrow.

Elliot, Andrew J. y Fairchild, Mark D. (ed.) (2015). *Handbook of Color Psychology*, Cambridge University Press.

Gage, John (2001). *Color y cultura: la práctica y el significado del color de la Antigüedad a la abstracción*, Ediciones Siruela.

Gegenfurtner, Karl R. y Sharpe, L. T. (2000). *Colour Vision: From Genes to Perception*, Cambridge University Press.

Higgins, Jackie (2022). *Sentient: What Animals Reveal About our Senses*, Pan Macmillan.

Hoeppe, Götz (2007). *Why the Sky is Blue: Discovering the Color of Life*, Princeton University Press.

Hulbert, A. C. (2007). «Quick Guide: Colour Constancy», *Current Biology 17* (21), 906-907.

Hulbert, Anya (2021). «Color and Vision», en A. Fabian, J. Gibson, M. Sheppard, S. Weyand (ed.), *Vision (Darwin College Lecture Series 2019)*, Cambridge University Press.

Johnsen, S. (2012). *The Optics of Life*, Princeton University Press.

Kemp, Martin (2000). *La ciencia del arte*, Ediciones Akal.

Lamb, Trevor y Bourriau, Janine (1995). *Colour: Art & Science*, Cambridge University Press.

Land, Mike F. y Nilsson, Dan-Eric (2012). *Animal Eyes*, Oxford University Press.

Laudet, Vincent y Ravasi, Timothy (2022). *Evolution, Development and Ecology of Anemonefishes*, CRC Press.

Lynch, D. K. y Livingston, W. (1995). *Color and Light in Nature*, Cambridge University Press.

Marmor, Michael F. y Ravin, James G. (2009). *The Artist's Eyes*, Abrams.

Nassau, Kurt (ed.) (1997). *Colour for Science, Art and Technology*, Elsevier.

Raymond, Martin (2019). *The Trend Forecaster's Handbook*, The Future Laboratory.

Rossotti, Hazel (1983). *Colour: Why the World Isn't Grey*, Princeton University Press.

Shubin, Neil (2008). *Tu pez interior*, Capitán Swing.

St. Clair, Kassia (2017). *Las vidas secretas del color*, Editorial Indicios.

Stevens, Martin (2016). *Cheats and Deceits: How Animals and Plants Exploit and Mislead*, Oxford University Press.

Stevens, Martin (2021). *Life in Colour*, BBC Books, Ebury.

Von Der Emde, Gerhard y Warrant, Eric (2015). *The Ecology of Animal Senses*, Springer.

Yong, Ed (2023). *La inmensidad del mundo*, Editorial Tendencias.

REFERENCIAS DE IMÁGENES

Clave: s: superior; i: inferior; d: derecha; iz: izquierda; c: centro.

Biografías de los autores

Justin Marshall

Justin Marshall ha dedicado su carrera a comprender cómo perciben su entorno otros animales, no como lo concebimos nosotros. Como seres arrogantes, los humanos solemos pensar que somos la cúspide de la evolución; sin embargo, en cuanto a capacidad visual, esto dista de ser cierto. Al abordar la visión y los colores desde un enfoque de ecología visual, que engloba anatomía, fisiología, comportamiento animal, genética, integración neuronal y física de la luz, Marshall busca descifrar el «lenguaje» del color. Durante el siglo pasado, participó en el descubrimiento del sistema de visión cromática más complejo estudiado hasta el momento: el de los camarones mantis (estomatópodos), que cuentan con 12 receptores de color frente a los humanos, que tenemos tres, incluidos cuatro específicos para detectar el ultravioleta (UV). Esta parte del espectro, invisible para nosotros, ha sido investigada mediante cámaras diseñadas para ello, ya que, a diferencia de nosotros, aves, abejas y la mayoría de animales sí pueden percibirla. Hoy, parte de su actividad se centra en cómo el cambio climático degrada los colores de la naturaleza, motivo por el que hace 22 años creó CoralWatch, un proyecto de ciencia ciudadana para ayudar a interpretar los cambios de color en los arrecifes. ¿Cómo evitar que los colores desaparezcan antes de que nuestros hijos puedan verlos con sus ojos y los de otras criaturas?

Anya Hurlbert

Anya Hurlbert está convencida de que el color es la clave para entender cómo funciona la mente humana. Aunque los humanos no somos los únicos animales que producen arte o aprecian la belleza de los colores, como el pergolero satinado, somos los únicos que convertimos el color en un concepto. Gran parte de su carrera la ha dedicado a comprender esta conversión singular. Tras estudiar Física, Fisiología, Medicina, Visión artificial y Ciencias cognitivas en universidades europeas y estadounidenses, integró estos conocimientos para investigar la visión humana, en salud y enfermedad. Ha demostrado que el entorno natural influye en cómo percibimos los colores, pero también existen importantes diferencias individuales. En la actualidad, imparte clases en la Universidad de Newcastle a estudiantes de psicología, fisiología, neurociencia y bellas artes. Además, dirige un laboratorio especializado en comportamiento y psicofísica, y fundó y dirige un instituto de neurociencia. Su pasión por el arte visual y la comunicación la llevó a crear exposiciones de arte basadas en ciencia para divulgar sobre visión y color, en conferencias y escritos. Fue fideicomisaria científica de la National Gallery de Londres, y hoy forma parte del consejo del Science Museum Group del Reino Unido y del National Science and Media Museum en Bradford.

Jane Boddy

Jane, que cuenta con más de 20 años de experiencia, está especializada en la previsión de tendencias de color y asesora a empresas internacionales de moda, diseño de interiores, automoción y cosmética. Es una figura clave del Pantone Color Institute, donde contribuye a publicaciones sobre tendencias, y colabora en la revista *View Point Color*. Aparece con frecuencia en medios por sus artículos sobre color, publicados en *Dezeen*, *Highsnobiety* e *ICON*, y su trayectoria está descrita en *The Business of Fashion*. Su enfoque combina un sólido conocimiento de cultura global y cambios económicos, junto a una curiosidad innata por ideas novedosas e innovación.

Tom Cronin

Tom Cronin investiga la fisiología ocular de invertebrados, sobre todo la de las especies marinas. Se centra en camarones mantis, crustáceos tropicales con comportamiento complejo y quizá los ojos más singulares que se han desarrollado. Estudia su sofisticado sistema visual del color, la percepción de luz polarizada, comunicación visual y movimientos oculares. Su grupo de investigación busca entender cómo evolucionaron los ojos de estos animales y cómo se especializaron sus genes visuales para captar el color y detectar las señales de luz polarizada que producen muchas especies de camarones mantis. También les intriga averiguar por qué distintos animales con los que compartimos el planeta han desarrollado sistemas ópticos adaptados a sus entornos y necesidades ecológicas. El lema del laboratorio es: «¡Si tiene ojos, se puede analizar!». En la última década, su grupo ha publicado estudios sobre percepción visual en calamares, mariposas, cangrejos violinistas, sepias, primates, delfines, oropéndolas, peces de arrecife, esponjas, cachalotes, ranas venenosas, luciérnagas, pulpos, cangrejos de aguas profundas, grullas trompeteras y camarones mantis, entre muchos otros animales.

Ron Douglas

Ron Douglas es un biólogo especializado en percepción visual. Sus investigaciones abarcan la mayoría de los grupos de vertebrados, desde ratones y renos hasta aves, ranas y serpientes. No obstante, siempre ha sentido especial predilección por los peces, sobre todo los de las profundidades oceánicas, quizá porque de adolescente lo único que se le daba bien era nadar. Es catedrático emérito de Ciencias Visuales en la Universidad City de Londres, donde enseñó durante casi cuarenta años fisiología y anatomía ocular y humana a futuros optometristas. Ha publicado numerosos artículos académicos y capítulos de libros, además de colaborar frecuentemente con medios impresos y audiovisuales. A lo largo de su carrera, ha participado en muchas expediciones científicas internacionales a bordo de buques de investigación en zonas que van desde las idílicas islas del Pacífico y Caribe hasta el menos apacible Atlántico Norte. Las personas, entornos y animales que ha encontrado en estos viajes han sido la parte más gratificante de su trayectoria académica.

Sönke Johnsen

Sönke Johnsen se formó en Matemáticas y Arte, pero lleva 33 años estudiando la luz en la naturaleza y los últimos 22 como investigador en la Universidad de Duke. Ahora investiga la percepción visual, transmisión de señales y camuflaje en mar abierto, aunque también ha investigado especies costeras, de agua dulce y terrestres, así como la navegación animal, visión nocturna y cataratas en ojos humanos. Su trabajo se desarrolla principalmente en alta mar con cruceros científicos que emplean equipos de buceo, submarinos tripulados y vehículos robóticos para explorar el océano. Su labor ha sido difundida en medios convencionales y producciones como la película *Finding Nemo* (*Buscando a Nemo*), la serie *La casa mágica del árbol*, la poesía de John Updike, los textos humorísticos de Dave Barry y el libro *La inmensidad del mundo*, de Ed Yong. Además, es autor de dos libros publicados por Princeton University Press: *The Optics of Life* y *Visual Ecology*. En su tiempo libre fotografía la naturaleza y practica la agricultura.

Fabio Cortesi

Fabio Cortesi se especializó en Evolución animal y Ecología, y desde entonces se interesó por el modo en que los sistemas ópticos de los distintos animales influyen en la biodiversidad natural. En los últimos años, su investigación se enfoca en los efectos humanos sobre arrecifes de coral tropicales y profundidades marinas, y cómo estos afectan a la visión y comunicación de las especies. Actualmente, el Dr. Cortesi dirige un equipo multidisciplinar formado por genetistas, neurocientíficos e ingenieros eléctricos. Ha explorado algunos de los entornos más coloridos y espectaculares del planeta, lo que impulsa su compromiso por transmitir conocimientos a nuevas generaciones de jóvenes talentos. Participa en conferencias abiertas y colabora en pódcast científicos. También asesora para documentales de naturaleza destacados, como *La vida a color* de David Attenborough, que ha llegado a millones de espectadores de todo el mundo. Sus investigaciones han sido recogidas en medios prestigiosos como *The New York Times*, *Los Angeles Times* y *The Washington Times*, además de programas de radio y televisión.

ÍNDICE

abejas 6, 54, 99, 117
  encontrar alimento 170
  iridiscencia 62
  ultravioleta (UV) 6, 10, 72, 124
  visión cromática 84, 85, 102, 105
aberración cromática 138
aequorina 142
agua
  camuflaje debajo del agua 198
  colores del 36, 39
  dulce 36, 149
  fotografía subacuática 268
  luz y 29, 92, 157
  ultravioleta (UV) 132-133
aguas
  costeras 29, 36, 40, 149
  profundas 26, 40, 84, 149
  bioluminiscencia 146, 147, 154,
    157-158
  y ultravioleta (UV) 132
algas 36, 40, 48, 50, 206, 270
  bosques de 47
  marinas 36
alizarina 234
amarillo 26, 209, 223
anfibios 124, 128
anguila 149
animales 12-15
  biofluorescentes 142
  colores estructurales en 62-65
  ¿cómo perciben los animales
    el color? 70-119
  ¿cómo producen el color los seres
    vivos? 44-49
  manipulación de la luz 238, 262
  ojos 73, 74-79
  patrones de color 259
  pigmentos 47, 48
  sensibilidad espectral, 84, 85
  visión nocturna 32, 86, 89
  véanse también especies concretas

ánimo, estado de 218, 226, 229
antocianinas 47-48, 54
añil 244
araña 15, 113
  camuflaje 201
  de orbes plateada 201
  camuflaje 201
  iridiscencia 62
  ojos 74, 78
  pavo real 164
  ultravioleta (UV) 128
árboles de hoja caduca 40
arcoíris 31
arenas 40
arrecifes de coral 47, 183
  blanqueamiento de 270-273
  camuflaje en 198
  colores sobre 206-215
  fluorescencia 142
  ultravioleta (UV) 132
arte
  color en el 244-259
  digital 250
  inmersivo 250
a'strict 250
ataque, bioluminiscencia como
  método de 158
atmósfera 31
aurora 32
aves / pájaros
  bioinspiración 267
  categorización de los colores 114
  colores estructurales en 61-62
  colores iridiscentes 62
  dimorfismo sexual 128, 176
  fluorescencia 140, 141
  fotorreceptores 12, 89, 102, 110,
    127, 173
  funciones combativas del color
    180
  nectarívoro 54

plumaje 6, 48, 130-131, 166, 176,
  180, 229, 241, 267
  selección de pareja 6, 128-131, 164,
    166, 241
  ultravioleta (UV) 6, 10, 72, 122, 124,
    128, 130-131, 134
  visión cromática 6, 89, 166
  véanse también especies concretas
aves del paraíso 89, 238, 241, 267
avispas 180
  papeleras 180
azafrán 47, 234
azul 10, 15, 16, 26
  asociaciones con 20, 220, 224, 250
  cerúleo 230
  colores estructurales 48
  pigmentos 244
  simbolismo 20

babosas de mar 164, 183, 189
babuino 15, 220
bacteria 154
ballenas 89
  azules 62
bastones 74, 76, 77, 78, 80, 86, 87, 89, 97
bermellón 244
biliverdina 48
biofílico, diseño 238-243
bioinspiración 262-267
bioluminiscencia 26, 28, 47, 84, 108,
  122, 146, 147, 154-161, 168, 169, 202
biomimética 218
biotecnología 23
blanco, bioinspiración 267
blenio rayado 213
boro 39
búhos 86, 102

caballito de mar pigmeo de Bargibant
  15, 189
caballitos del diablo 61

calamar 62, 74, 78, 108, 198
  de aguas profundas 108
caléndulas 54
calor, detección del 150
camarón mantis
  ojos 78, 113
  ultravioleta (UV) 127
  visión cromática 7, 15, 83, 85, 99,
    110, 113, 117
cambio climático 50, 270-275
camuflaje 10, 15, 89, 158, 164,
  186-205, 206, 210
  arrecifes de coral 209, 210
  bioluminiscencia como 202
  disruptivo 192
    y coloración perturbadora 192
caracoles marinos 226
carbón 36, 47
cardenal norteño 167
carmín 244
carnívoros 170
carotenoides 47, 48, 53, 54, 82-83,
  114
carotenoproteínas 48
casquetes polares 40
caza en plena noche 142
cebras 192, 195, 267
cefalópodos 108, 157, 158
cerebro 16, 19, 76, 78, 96, 99,
  114-119
chicas y el color rosa 224
cíclidos 92, 93
ciervos 195
climas
  cálidos 238
  fríos 238
clorofila
  dentro del agua 36, 149
  en hojas y plantas 26, 40, 44, 47,
    48, 50-57, 69, 140, 206
  Malacosteus niger 146, 147

cloroplastos 53
colibríes 54, 62
color
  como medio de expresión 23
  constancia del 19, 98-99, 247, 258,
    268-269
  funciones combativas del 180-185
  procesamiento del 114, 117
  rueda del 23
  y luz, pintar 254-259
coloración perturbadora 192
colores
  análogos 23, 238
  aposemáticos 108, 164, 183, 189,
    195
  combinación con el fondo /
    mimetismo 186
  cómo distinguirlos 83
  ¿cómo se origina el color? 28-35
  complementarios 23, 238
  de advertencia 15
  de póster 214-215
  definición de 24-69
  denominaciones de los 6, 226-229
  encontrar comida vegetariana
    170-175
  estructurales 44, 48, 58-65
  evolución de 162-215
  interacción entre unos y otros 23
  nomenclatura de color 6, 10,
    226-229
  ocultos 120-161
  pintar el color y la luz 254-259
  preferencias del color 220-225
  primarios 255, 257
  tóxicos 183
comunicación 20, 89, 122, 132, 209,
  234
conformación cis y trans 82
  mecanismos de contraste entre
    conos 96, 224, 257

constancia del color 19, 98-99, 247,
  258, 259, 268-269, 273
contracoloración 202
  espejos 201
  mimetización 189
  pulpos 7, 108
  rayas como método de ataque
    y defensa 195
  tonos rojizos 15
  transparencia como 198
contraste cromático 257, 259
copépodos 158
CoralWatch 270
córnea 74, 76, 77, 127
corteza visual 96, 114, 117
cristales fotónicos 44, 59, 61, 62
cristalino 74, 76, 77, 78, 127
cromentesia 260
cromo 39
cromóforos 80, 81, 82
crotalinos 85, 122, 150
crustáceos 48, 117
  bioluminiscencia 157
  ojos 74, 78
  ultravioleta (UV) 122, 124, 132
cuerpos pedunculares 117

daltonismo 12, 19, 99, 102, 108, 164
damisela de Ambon 132
Darwin, Charles 6, 12
defensa, bioluminiscencia como
  método de 157
delfines 173
dendrobátidos 183
deportes 229
desiertos 40
diamantes 39
  mandarín 114, 128
dicromatismo 83, 92, 100, 108,
  127, 134, 173
dimorfismo sexual 100, 128, 176

ecología visual 166-169
emociones 229
   carga emocional de los colores 223
   rueda de las emociones 222
enfermedades neurodegenerativas 262
envases 229
«equilibrio de blancos» 268, 269, 273
escarabajos 7, 105, 150
   bioinspiración 267
   bioluminiscencia 161
   camuflaje 201
   colores tóxicos 183
   dimorfismo sexual 176
   Hopliini 176
   infrarrojo (IR) 10
   iridiscencia 61
   Melanophila acuminata 150
   ojos 78
esclerótica 76, 77
escorpiones 69
espejos 201
estrellas 32

falangero mielero 173
falsa coralillo real escarlata 189
Fenicia 226
feomelanina 48, 62
fitocromo 47
flamencos 89
flavonoides 47
flores 54, 170
   atraer a polinizadores 105, 164, 170
   ultravioleta (UV) 54, 123, 132, 170
fluorescencia 47, 66-69, 122
   caza en plena noche 142
   hallazgos de la 69
   usos en neurociencia 218
   y sexo 140-145
fluorita 69
fosforescencia 47, 66
fotocitos 154
fotóforos 146, 147, 154, 158, 202

fotografía a color 268-269
fotones 58, 83, 140, 267
fotorrecepción 74, 77-78, 80-113
fotosíntesis 47, 53, 80, 270
fóvea 96
Frisch, Karl von 117
frutas y primates 173

gambas 10, 157, 158
gatos 134
gecos 73, 89
geranios 54
glaucoma 262
gneis 39
góbidos 213
godiva anaranjada 183
Goethe, Johann Wolfgang von 247
gorrión común 180
granito 39-40
griegos de la Antigüedad 10, 226
gris, asociaciones con 222, 223
gusanos 113, 154, 198
   de luz 161

hámsteres 134
hazda 224
hemoglobina 44, 48
hierro 39, 44
himba 223
hinduismo 20
hojas 26, 50-57
hombre 19, 100
hongos 47, 154
Hope, diamante 39
hortensias 54
humanos
   color y 16-19, 216-275
   cómo se concibe el color 97, 98
   descripciones de los colores 10
   evolución de la percepción de los colores 89
   infrarrojo (IR) 122, 146
   ojos 19, 76, 77-78, 96
   sensibilidad espectral 84, 85
   sentido del color para 20-23

ultravioleta (UV) 72, 122, 124, 127, 132, 137, 138
   visión cromática 12, 15, 19, 89, 96-101, 102, 114
humor acuoso (vítreo) 77

identidad visual 230
Ilíada 226
índigo 47, 234, 244
infrarrojo (IR) 10, 29, 83, 122, 146-153
insecto
   cochinilla 244
   hoja 192
insectos 48, 105, 262
   camuflaje 186, 198
   colores estructurales en 61-62
interferencia en película delgada 26
interiorismo 20, 238-243
invertebrados 117
   ojos 74, 78
   ultravioleta (UV) 124, 128
iridiscencia 26, 44, 58, 61, 62, 218, 262
   ojos 74, 78
   procesamiento del color 114, 117
   ultravioleta (UV) 72, 78, 122, 124, 127
iris 77
isopreno 47

Jastrow, Joseph 220, 224
jilgueros lúganos 180

Krishna 20

lábridos 213
   Anolis 125
langures chatos dorados 62, 65
lapislázuli 244
led 262
lenguaje del amor escondido en los colores 126
líquenes 137
lluvia, gotas de 31
lóbulos frontales 114, 117
Lorenz, Conrad 214

loros 12, 48, 89, 102, 138, 140
Lubbock, John 124
luciérnagas 158, 161, 168, 169
luciferasa 154
luciferina 154
luminiscencia nocturna 32
luz 26, 29, 47, 66, 84
   blanca 28
   cambios habituales de la luz natural
      19
   clorofila y 40
   constancia del color y 98-99
   de excitación 66, 69
   de la luna 32, 254
   del día 84, 89, 268
   del sol 26, 29, 32, 50, 84, 247, 254
   dispersión de la luz 26, 58, 84, 267
   emisión 44, 47
   interiores 238
   manipulación de la 238, 262
      pintar el color y la luz 254-259
      ¿qué es la luz? 28
      reflexión 44, 47
      y colores estructurales 58
      y el diseño espacial del color 238
   plasmar en pintura y arte 247
   roja lejana 122, 149, 150
   roja y la profundidad 92

macacos con cara la 62
mandril 62, 65
magnesio 39, 44, 47, 50
malaquita 244
malvidina 54
mamíferos 86, 134
   camuflaje 195
   ultravioleta (UV) 122, 124, 134
   visión cromática 89, 134-135,
      173
   véanse también especies concretas
mandriles 62, 65, 195
marcas 229
mariposa
   azufre de línea recta 126
   Chorinea faunus 262

cometa 111
cuervo 201
ícaro 176
monarca 48, 189
Morpho 262
Ulises 262
virrey 189
mariposas 54, 189
   bioinspiración 262-265
   camuflaje 201
   colores estructurales en 60, 61
   dimorfismo sexual 176
   ojos 78
   ultravioleta (UV) 126, 128
   visión cromática 15, 74, 84, 110
   véanse también especies concretas
Marshmallow Laser Feast 250
marsupiales 134, 173
matrices cuasiordenadas 65
mayas 244
medusa 142, 154, 198, 218
melaninas 47, 48, 61
mero o trucha de coral 213
mieleros 54
mimetismo 186, 189
minerales 69
moda 20, 23, 234-237
mofetas 195
Mondrian, estímulo de 258, 259
Mondrian, Piet 257-259
Monet, Claude 247
monos 89, 173
   araña 173
   aulladores rojos 62
moscas 110, 127, 186, 267
Munch, Edvard 255-257
murciélagos 134, 150, 170

Nabokov, Dimitri 260
naranja 223, 226
negro
   asociaciones con 222, 223
   bioinspiración 267
   en animales 48
   en plantas 47

nombre 226
   pigmentos 244
neoplasticista 257
nervio óptico 76, 78
neurociencia 218
neuronas 218
neurópilos 117
   ópticos 117
Newton, Isaac 23, 26
nieve 137
nitrógeno 39, 47
nubes 31
nudibranquios 164, 189

ñus 62

océanos
   bioluminiscencia 154
   calentamiento del 270, 273
   color del 36, 39
   penetración de la luz en 29
ocre 244
Odisea 226
ojos
   anatomía de los 74-79
   camarón mantis 113
   compuestos 78-79, 117, 170
   de los animales 73, 74-79
   de los invertebrados 78
   de los vertebrados 77-78
   ecología visual 166-169
   fotorreceptores 12, 74, 77-78
   humanos 19, 76, 77-78, 96
omatidios 78
omocromos 48
ópalo 61
oponente, proceso 19
opsinas 80, 81, 86, 88, 89, 100, 202
óptico, sistema 72, 84, 110, 150,
   166
orangutanes de tonos cobrizos 62
orugas 186
óxido
   de aluminio 39
   de hierro 244

pájaros
   azules 58, 61, 62
   cardenales 15
palomas 99
paneles solares 262
Pantone 6, 230, 231
papadas 125
Paraluteres prionurus 189
parásitos 213
patrones 195, 233, 259
pavo real 12, 164
peces
   bioluminiscencia 154, 157, 158,
     202
   cabeza transparente 157
   cambio de sexo 176
   cambios en la visión 92
   camuflaje 192, 198, 201, 202,
     209, 210
   cíclido princesa de Burundi 180
   colores del arrecife de coral
     206-215, 238
   colores tóxicos 183
   de arrecife 92, 206-215, 238
   dimorfismo sexual 100, 176
     damisela 132, 133
   dorado (carpa) 99, 149
   dragón 146
   fotóforos 157
   fotorreceptores 74, 127
   funciones combativas del color
     180
   globo 183, 189
   iridiscencia 62
   limpiadores 213
   linterna 158
   loro 210
   luz roja lejana 146, 147-149
   Malacosteus niger 146, 147
   ojos 77
   opsinas 86
   payaso granate 178
pelargonidina 54
peonía 54
peonidina 54

percepción del color 15, 83
   cambios a lo largo de la vida 86
   cantidad de fotorreceptores
     y 110-113
   véanse también especies concretas
perezosos 48
pergolero 241
   pardo 241
periquitos 85, 140, 141
perros 12, 85, 108, 134
petirrojos 229
piedras preciosas 36, 39
pigmentos 26, 44, 48, 262
   artificiales 19, 44
   animales de aguas profundas 146
   clorofila 50-57
   deficiencia cromática de los
     mamíferos 134, 137
   desarrollo de 244
   diversidad de 47-48
   especies de peces 92, 93, 146
   fotosintéticos 53, 54
   naturales 218, 234, 244
   ojos compuestos 78
   peces de agua dulce 149
   sensibilidad al rojo 146
   tonos azules 213
   ultravioleta (UV) 122, 124, 127,
     128, 132, 134
   visuales 81, 83, 84, 86, 110
   y la diversidad de plantas 47-48
   y luz 66, 69
   véanse también especies concretas
pingüinos 102
pintura 26, 218, 267
   metalizada ChromaFlair 218
pinturas rupestres 244
piranga roja 166
plantas 238
   carnívoras 140
   clorofila en 26, 40, 44, 47, 48,
     50-57, 69, 140, 206
   colores de 40-41, 53
   ¿cómo producen el color? 44-49
   fluorescencia 140

polillas 32, 186, 192
   carpintera 186
   moteada 192
polinizadores 54, 105, 117, 164, 170
pólipos 206, 270
pop art 230
porfirina 44, 47, 50
«poste del barbero», ilusión visual
   195
preferencia del color 220-225
primates 96, 100, 173, 195
   colores estructurales en 62-65
psitacofulvinas 48
pulpos 85, 102, 189
   camuflaje 7, 108, 198
   daltonismo 164
   mayor de anillos azules 108, 164
   ojos 74
puntillismo 210
púrpura 226
   de Tiro 226
   queratina 61, 69

rabdomas 74, 78, 79, 80, 113
radiación
   del cuerpo negro 28
   electromagnética 29
ranas 48, 142, 161
   camuflaje 186, 198
   colores tóxicos 183
   dardo 183
   dardo dorada 183
   evolución de la visión cromática 89
   ultravioleta (UV) 138
rape abisal 154, 158
ratas topo 173
ratones marsupiales de cola gruesa 173
realidad aumentada (RA) 250
realidad virtual (RV) 250
receptores térmicos 150
renos y el ultravioleta (UV) 134
reproducción 15, 176-179
   luciérnagas 168, 169
   selección de pareja 6, 128-131,
     164, 166, 167, 229, 241

y bioluminiscencia 158, 161
y fluorescencia 140-145
reptiles 48, 124, 128
retina 19, 74, 76, 77, 78, 96, 97, 99, 110, 117, 127, 138
RGB, sistema 15, 96, 102
Rijn, Rembrandt Harmenszoon van 254
Roberts, Andres 250
rocas, colores de las 39-40
rodopsina 86, 89
rojo 15, 16, 26
asociación con 220, 222, 223, 224
tintes y pigmentos 234, 244
romanos de la Antigüedad 244
rosa 16
asociaciones con 224
millennial 230
palabra 226
Rubia 234
rubíes 39

salmón 149
saltamontes 186
Sanctuary of the Unseen Forest 250
sargento alirrojo 48
satélites 113
sensibilidad espectral 84, 85
sensores térmicos, diseño de 262
sepia 108, 176
gigante australiana 176
serpientes 7, 10, 122, 150, 189, 192
coralillo del noreste 189
coralillo real norteamericana 189
de cascabel 150
serpina 48
Seurat, Georges 210
sexo y el color 140-145, 176-179
Signac, Paul 210
siluro 149
simbolismo 20, 255
sinestesia 260

tamarinos dorados 62
tamborín rayado de Valentín 189

tejón 195
teléfonos móviles 15, 66, 218
tendencias de colores 23, 230-233
térmica, división 223
tetracromía 83, 89, 92, 100, 102, 127, 173
textiles, pigmentos 47
tiburones 142, 158
cigarro 158
negritos 157
Tiffany & Co. 229
tigres 62, 195
tintes 26, 234
topos 134
transducción visual 80
transparencia como método de camuflaje 198
tricromatismo, forma anómala de 100
tricromía 83, 92, 96, 100, 102, 105, 134, 173
Turner, J. M. W. 247

uacarís calvos 62
ultramarino 244
ultravioleta (UV) 10, 29, 47, 80, 83, 122, 124-139
animales y 72
cómo se percibe 127
debajo del agua 132-133
fluorescencia y 69
intensidad del 138
plantas 54, 170
profundidad y 92
protección contra 132
seres humanos y 72, 122, 124, 127, 132, 137, 138
y estatus social 180
y selección de pareja 128-131

vacas 108
van Noten, Dries 234
verde 15, 26
asociaciones con 223, 250
nombre 226
pigmentos 48

vertebrados 74, 76, 77-78, 86, 87, 88, 114, 117, 124
visión
cambios a lo largo de la vida 92
cantidad de fotorreceptores y 110-113
cromática 15, 84
evolución de 89
nocturna 32, 86, 89
pilares de 84-85
variedad en 86-95
véanse también especies concretas
vitamina A 82

Wallace, Alfred 6, 12

xantófilas 53

Yali 224

zafiros 39
zona en penumbra 140, 142
zorro 62
ártico 137

AGRADECIMIENTOS

Los autores desean dar las gracias a sus parejas por brindarles el apoyo y ánimo necesarios durante este y todos los demás procesos. «Tú le has dado color a mi vida, Sue» (JM). También damos la gracias a nuestros compañeros, que durante décadas han compartido sus conocimientos sobre colores y visión cromática. Un agradecimiento especial a David Attenborough, por introducir la belleza del color de la naturaleza en hogares de todo el mundo, tanto con sus documentales, que muestran la naturaleza en todo su esplendor, como por promover la televisión a color, gracias a lo cual pudimos distinguir qué bola estaba detrás de otra en el billar.

Extendemos nuestro agradecimiento al equipo de edición, diseño gráfico y fotografía de UniPress y Princeton University Press, por hacer este libro más maravilloso de lo que imaginamos. Gracias también a Paul Palmer-Edwards por su trabajo en diseño y selección de imágenes.

Finalmente, mostramos nuestra sincera gratitud a Kate Duffy y Slav Todorov por mantenernos en el buen camino durante la escritura, además de por sus valiosas sugerencias en arte y ciencia.

LEYENDAS COMPLEMENTARIAS:

PORTADA Los árboles de hoja caduca cambian el verde de la clorofila durante primavera y verano.

INTRODUCCIÓN Ojos compuestos de un tábano macho. La zona superior de los machos tienen una región especializada para rastrear a las hembras. Aún se desconocen por qué tienen franjas coloridas en los ojos.

CAPÍTULO 1 – APERTURA
Primer plano de una dalia naranja.

CAPÍTULO 2 – APERTURA
Rana de cristal reticulada
(*Hyalinobatrachium valerioi*),
Costa Rica.

CAPÍTULO 3 – APERTURA
Pulpo mayor de anillos azules
(*Hapalochlaena lunulata*).

CAPÍTULO 4 – APERTURA
Araña pavo real (*Maratus*).

CAPÍTULO 5 – APERTURA
Festival Holi, Uttar Pradesh, India.